明平さんの首

出会いの風景

川口祐二

ドメス出版

明平さんの首＊もくじ

ボウシュウボラ

第一章　漁村折り折りの記

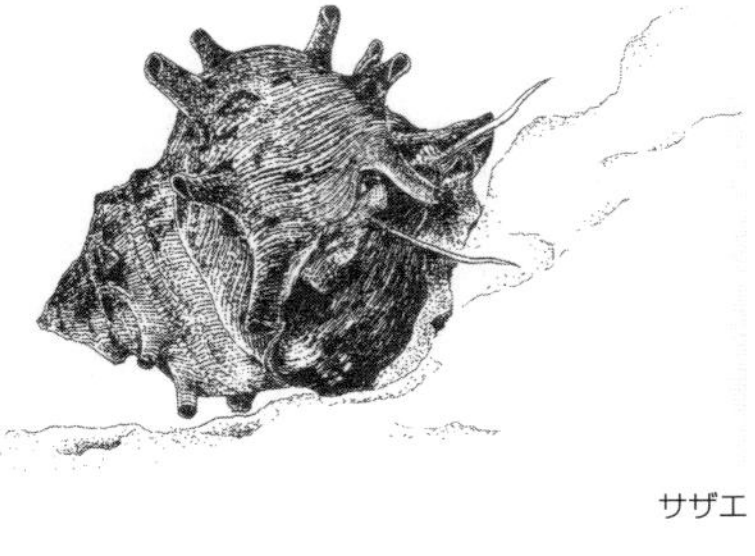
サザエ

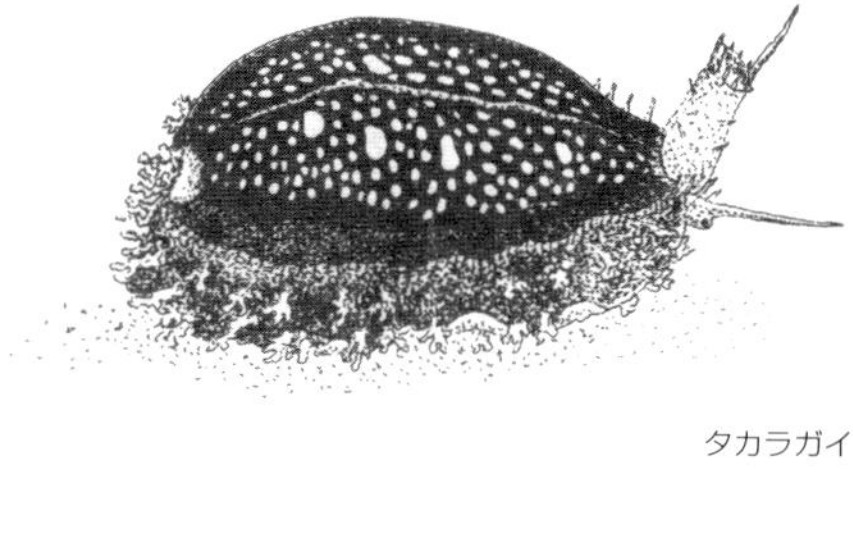
タカラガイ

カバー写真はブロンズ制作者の岩田実さん（鎌倉市在住）の提供によるもの
肖像レリーフ（28×36×5センチメートル）は一九九四年作

挿　画　丸山隆一郎
　　　　丸山正二郎

装　幀　竹内　春恵

第一章　漁村折り折りの記

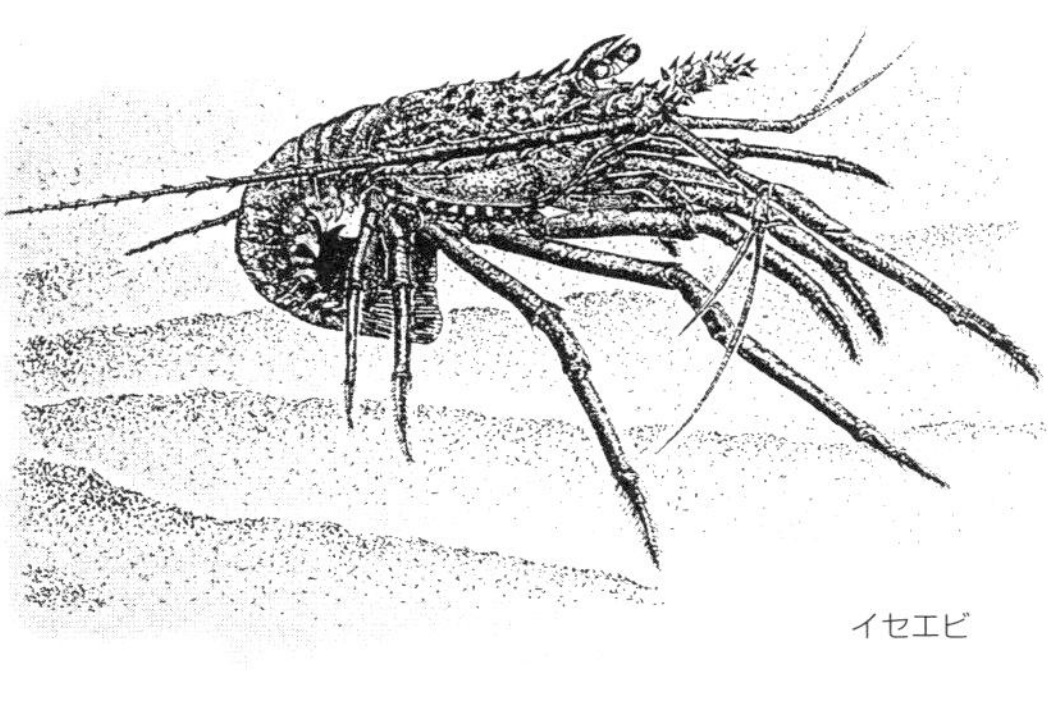

イセエビ

サヨリの警鐘を聴こう
——汚れた沿岸漁場の回復が急務

熊野灘にサヨリの魚影が少ない。春の到来を告げる魚はどこへ行ったのか。サヨリは水温変動によって回遊するから、もしかすると、去年の冷夏が影響しているのかと素人考えが浮かぶ。三月なかば、漁師たちは夜、船を出して火をたき、そこに集まるのをタモ網ですくいとる。とり過ぎない理にかなった漁法の一つだと思うが、昨今、この漁火《いさりび》が消えて久しい。とかく、効率第一主義の時代の波に押され、このような漁労文化が次つぎと消えていく。

春になるとサヨリは産卵のために沿岸の藻場《もば》をめざす。卵は長い糸状で、それを海藻などにからみつかせるのである。だが、今サヨリが探し求めている藻場は枯れて、ない。人間が汚れた水を流し続けて、沿岸漁場を汚しているからだ。海水が濁れば、太陽光線はその分届かず、海藻の成長は鈍る。透き通った特徴のある美しい姿をした春告魚《はるつげ》の安息の場はどこにあるのか。もの言わぬ小魚が大きな警鐘を鳴らしているのに、愚かにもわれわれはそれを聴き取ろうとしない。

例を示すなら枚挙にいとまがない。早春の魚、シロウオの遡上《そじょう》も近年激減した。水がいかに汚れているかのあかしなのだ。春の磯《いそ》は一年でいちばんすばらしい装いをするのに、昔ほどの華やかさは見られない。寒のときに磯でつみとるハバノリすらも、口にすることが少なくなった。クロアワビの減少も環境の悪化を教える。それはせいぜい十数メートルまでの浅い所にすむ。つまり人間が捨てる汚れた水と真っ先にぶつかり合うということだ。

伊勢湾でも同じことがいえる。桑名あたりのシラウオも減った。五月になると二見浦の興玉神社では、藻刈神事といってアマモを刈り採る行事がある。無垢塩草《むくじおぐさ》と呼んでお守りに使うのだが、アマモが絶えたため、ホンダワラを刈っているのが現実だ。アマモが枯れてから、特産のアサリも神事を行う付近では全滅した、と浦の漁師は嘆く。

浅い海こそ最も大切にしなければならないのに、むしろこれでもかと痛めつけているのがわれわれでないのか。そこは「沈黙の春」でしかない。

今こそ沿岸魚場の復活をめざすときだ。景気上昇のためには、少しばかりの環境破壊はやむを得ないという意見がまたぞろ出そうな気配だが、決してそうであってはならない。低成長のときにこそ、もう一度環境を見つめ直すことである。川が汚れ、海の水が汚れたということは、そこに住む人の心が、それだけ汚れたといってよい。捨てた水の行方を見つめてほしい。

赤潮発生が日常茶飯事であった七〇年代、漁村の片隅から澎湃《ほうはい》として起こった合成洗剤から石けんへの運動も、二十余年を経た今、どれだけわれわれの生活に定着しただろうか。漁業団体では毎年それを事業計画に掲げるけれど、成果は遅々たるものでしかない。

他人事《ひとごと》のように思わず、漁村に暮らす者がまず足元を見つめることだ。地球にやさしくといいながら、すべてが自分にやさしくという暮らしぶりなのである。環境問題は行政の分野だという前に、自分でできることはないか、身の回りから見つめ直してみよう。必ず実践できることがあるはずだ。節水一つでも、それは好ましい環境への貢献にほかならない。実践によって世の中の矛盾にも気づく。

伊勢湾も熊野灘も貴重な動物たんぱく質の供給の場だ。都会の人もそこで生産される魚介類の貴さを理解してほしい。都市の水は海に流れる。伊勢湾と熊野灘はもちろんひと続きだ。行政に求めるものも山ほどある。しかし、その前に自分たちで守り通すことで説得力を増そう。それさえあれば、一部の政治家などが言う漁港無用論といった暴言も聞かれないだろうし、沿岸漁場切り捨てといった都市の論理もたじろぐだろう。

朝夕の浦浜のにぎわいや飛び交う威勢のよい大声をもう一度復活させよう。そのことは漁労文化の継承につながる。沿岸漁場を豊かな海によみがえらせるべきである。海は私たちだけのものではなく、これから生まれ育つ未来の者たちのものでもあるからだ。

（一九九四・四・一六　朝日新聞）

熊野灘の漁村で

バスに乗って橋を渡った。左側にカキで知られる白石湖《しらいしこ》（三重県紀北町《きほくちょう》）が見える。渡利、引本と狭い道をバスは走る。車体が軒を削るほどの道である。漁村特有の軒を接した町並みを走ってトンネルを抜けた。眼前に紺色の海があった。熊野灘の夏の色である。そこは白浦、漁協の副組合長奥村益雄さんに会った。藻場造成の成果をたずねるためである。

白浦の漁場で大規模漁場保全事業が実施され、一二〇基の魚礁が沈められた。九八年二月末である。二メートル角のもの、中は空洞である。魚礁の上部にはホンダワラの胞子をつけた八枚のビニール袋がボルトで取り付けられている。人工的に胞子をつける作業は、集落をはずれた美しい海辺で行われた。海はどこまでもきれいでなければならない、ということであろう。

今年五月の水中調査のときのビデオを見せてもらったが、一メートルもあろうかと思われるホンダワラが、まっすぐに伸びてたゆたっている。見事な成果というほかない。アラメも見られる。その中を小魚が群れをなして泳ぐ。メバル、イシダイなどやや大きめの魚が小魚の群れを追う。

「小さい魚がくれば、必ず大きいのもくる」

奥村さんはこのように確信しているのである。

四年前には、カキ殻をプラスチック製の孔《あな》あきの筒に詰め、それで四メートル角の大きな魚礁をつくり沈設した。地元で大量に出る貝殻の再利用でもある。病んだ海をいやしてくれる貝殻の看護婦さんという意味をこめて、それはセルナースと名づけられた。

豊かな海をと願う海辺の人びとの思いに応《こた》えるように、魚礁には二五種の魚が群れた。カサゴ、ベラ、メジナなど、ナマコもいた。カワハギがおちょぼ口で、筒の付着生物を摂餌《せつじ》しているのが見られた。

魚が減ったと嘆く前に、このように積極的に沿岸漁場の再生をはかることこそ、自然保全策として評価されてよいだろう。今年もまた、海の日が近づいている。

「うみ、やま、こころ、くまの道」と、東紀州体験フェスタの謳《うた》い文句を呟《つぶや》きながら紀州路を南下し串本から大島へ渡った。フェリーで一〇分、地図には紀州大島とある。山道を越えていって樫野の村の女性三人と会い話を聞いた。戦中戦後のないないづくしの中で、娘時代を送った人たちである。

「娘のときから櫓漕《ろこ》ぐことも教えてもろてねえよ。朝の暗いうちに行てねえよ、とび込んでどこにテングサあるか探してねえよ、陽《ひ》の上がってくるまでにとってねえよ」

テングサとりの話であった。「ねえよ」は「ね」ということである。もう一人が付け加える。

「一日中、船の上にねえよ、火焚《た》いて、箱の中に石入れてそれで体温めてねえよ。顔は真っ黒やったねえよ、一袋になったら舟へあがって休んでねえよ。白木綿のじばん（襦袢）に短いお腰（腰巻きのこと）してねえよ。そんなにしてテングサとったんです」

テングサを地元ではマグサと呼ぶ。ほかにオニグサもとるという。これは別名オニテングサ、刷毛《はけ》状に枝を出す海藻である。イギスもとる。イギスは乾かしたあと漂白して、糊《のり》の原料とされる。女たちはこれらを潜っていってむしりとってくるのである。

干されたテングサは何枚かの板を組んで箱をつくり、足踏みして一〇キロ程度に固める。

「天井から紐吊《ひもつ》るしてねえよ、それにぶら下がるようにして、踏んでねえよ」

三人は同じ体験をしてきたのであった。

須江の集落にも足を運んだ。静かであった。しかし、冬はイセエビ漁で賑《にぎ》わう。紀州一のイセエビの水揚高を誇る岸壁を持っている漁村である。

「漁期も短いしよ、寸法の小さいのは再放流してよ」

地元の人はこう説明した。お互い決めたことは必ず守る。共同体として生き延びる方途であろう。「我慢」が村を潤しているのである。

イセエビが息づく海金剛の岩礁に夕陽が映えた。

（一九九九・六・三〇　読売新聞）

タイの話

鯛は花は見ぬ里もありけふの月

西鶴の一句。タイやサクラのない里はあっても、今宵の名月はどこでも仰ぎ見ることができよう、という意味である。月光冴えわたるころ、いつも口をついて出る句である。

マダイは春のサクラの花のころのものがおいしいといわれ、サクラダイとして珍重されるが、秋冷のころのものも捨てがたい。モミジダイである。熊野灘の浦々は、以前は句の通りの「見ぬ里」であったが、今は身近な魚になった。稚魚が人工的に大量生産されるようになり、筏《いかだ》での養殖ができるからだ。栽培漁業の研究成果が、浦浜の漁民の暮らしを変えた。最近の沿岸漁業は魚類養殖抜きには考えられない。

マダイには人間に似たところがある。まず、長生きの魚で三〇年は生きるといわれる。人間の年齢に換算すると、八〇歳から優に九〇の歳を数えるというから、これはめでたい。長生きするため雑食で何でも口に入れる。噛《か》み砕く歯を持っていて、臼歯が上下、二列に並ぶのも面白い。

タイでないのに姿が似ているので、何々ダイと名づけられたものがたくさんある。最近は、イズミダイというのがあるが、これはテレピアを海域で養殖したものだ。世の中、にせものだらけである。経済人の倫理観の欠如、政治家のリーダーシップのなさ、本物が少ない時代である。エビでタイを釣るというが、中国の古典には「才芸もなくして高官を得んとす、これも蝦で鯛を釣らんとする人なり」、とある。資質のない者が高位高官にありつこうと、血眼になっている人の多いのは、どこの国のことであったか。

にせものとはいえないが、掛け合わせによって、今までにない魚が筏の中を泳ぐ。マチダイがそれだ。マダイとチダイ（血鯛）を掛け合わせてできた。マダイの身のうまさ、チダイの色の良さ、二つの長所を持つ。さらに改良したのがマチモドシという三世。交配の技術も日進月歩だ。このような交配の嚆矢《こうし》は、近畿大学水産学部でイシダイとイシガキダイとを掛け合わせてできたもので、その魚を近鯛と呼ぶ。近大の研究成果がどれだけ漁民に益したことか、はかり知れない。冒頭の句を初めて聴いたのは、山路平四郎先生の「文学論」の講義の中であった。西鶴の句を兄とすれば、其角の句、

鯛は花は江戸に生まれてけふの月

これは弟だな、こんな口調であった。一九五一（昭和二六）年のことである。これもまた学恩というべきか。

（一九九九・一二『早稲田学報』早稲田大学）

底辺の人びとの呟きを記録する

日本各地の海辺を歩いてすでに一四年に入る。平成の歳の数が増えるのとおなじだけ、私の浦浜まわりも回を重ねた。

そこに住む人びとから、漁村での暮らしを聞き書きするという作業。いわば、民俗学者としてすばらしい業績を残した宮本常一さんの物真似を、懲りずに続けているにすぎない。それでも、会った人はすでに四〇〇人を超えた。

こんどの新しい一冊、『苦あり楽あり海辺の暮らし』（北斗出版）は、最近の三年間の聞き書きをまとめたものである。

原発反対を守りきった私の隣町、南島町の人びと。巨大開発に押し潰《つぶ》されそうな有明干潟の漁民。また、戦後まもない一九四九年三月、沖から流れ着いた一個の機雷が爆発し、一瞬にして六三人の人命が吹き飛んだ越後の漁村、名立《なだち》の惨劇。これら六三人の大部分は、一〇歳ほどのいたいけな子どもたちであった。鹿児島から北海道積丹《しゃこたん》半島の岸辺の村へ、一週間というもの、汽車に乗り連絡船を乗り継いで、結婚を約束した人のところへ来、今、タラ漁を手伝う女性の話もある。

積丹半島の岸辺で

これらは、長い人生の中でつむぎ出された、ごくごく普通の人たちの歴史である。しかし、語り出される一つ一つのエピソードは、ずっしりと重いものばかりであった。

大阪堺市のある読者は、書中の機雷爆発の章に添えた写真を見て、「目鼻のないコンクリートの地蔵に絶句、アフガンの地雷と重ね、戦争への憎悪と平和な日本を改めて思い知らされ」た、との感想を寄せられた。

その人は、身銭を切って本を買って下さり、その上、読ませたい人がいるから、何冊かを送れ、と手紙を下さったのである。

地獄で仏とはこのことだ。それほどに、本一冊を出して売ることが何と苦労なことか。本が売れない昨今、それは茨《いばら》の道といってよい。苦ばかりの毎日が続くのである。

出版社から、献呈本として何冊かが届く。バリッと表紙を右に折るようにして頁をめくる。一回目は楽しい。しかし、再読となると、もう欠点ばかりが目につき出す。ああ、これでもうひと言説明を加えればよかったなどと、苦になるばかり、後悔が続く。誤植が見つかると、またここで落胆する。「校正恐るべし」とは、菊池寛の言葉らしいが、本を出す者にとって、誤植は宿命なのか。嫌な気分を味わう。これこそ苦の最たるものだろう。

浦浜歩きをして、その聞き書きを出版してきた一四年間、下世話な言い方をすれば、「使い果たして二分残る」という芝居のせりふそのままの、我が家の暮らし向きだ。よく懲りないものだ、と家人は嘆息しきりである。

だが、得たものも多い。新しい出会い。これが何にもまして貴いし、かつ重い。この仕事のおかげで、大勢の人びととのおつきあいが生まれた。これからの老後、私は人貧乏でないことだけは断言できる。

海鳴りを背にして語ってくれた人びとのドラマ。日本を支えた底辺の人びとの呟《つぶや》きを、若い人びとにこそ読み取ってほしい。

三月、私は沖縄の糸満の海辺に立つ。早春の潮風の中でどんな出会いがあるか。次の仕事のスタートだ。苦、何するものぞ、である。

（二〇〇二・三・八　読売新聞）

海からタコが消えてゆく
――いつまで続く開発優先

戦時中、一二月八日の開戦を記念して毎月八日は大詔奉戴日《たいしょうほうたいび》と決められ、子どもたちは、早朝の神社参拝を義務づけられた。冬の寒い夜明け、海沿いの道を小走りに急いだ。帰り道、波打ち際でマダコを手摑《づか》みで拾うことがあった。

拾ったマダコは「腕」が欠損しているのが多かった。タコ伏せ漁には使えなくなったのを、漁師が捨てたのである。タコ伏せ漁というのは、生きたマダコを紐《ひも》で竹竿《たけざお》に括《くく》って、イセエビが潜んでいる岩場に近づける。マダコに驚いて飛び出してくるイセエビを、船の上から、たも網ですくい上げてとる。これは、海が豊かに息づいていたころの熊野灘の漁村の一景だった。

熊野灘もマダコが減り、伊勢湾ではイイダコが姿を消したと聞く。日本全国、どこの海も魚影が薄い。

マダコは夏から秋にかけてが旬だという人もいるが、いや冬がおいしいというところもあって一定しない。スーパーの店頭に並ぶのは、大部分がアフリカ・モロッコ沖の大西洋の海で捕獲されたもの。はるばる運ばれて、私たちの食卓を飾る。この外国産の柔らかく茹《ゆ》でられたのに慣れて、最近の日本人は、あのコリコリしたマダコ本来の歯応えを忘れてしまっている。

伊勢湾では、知多半島沖の日間賀島《ひまか》がタコの島だ。島へ渡り、タコとりの名人という二人の女性に会った。鈴木かずゑさんと鈴木絹江さん。二人は幼なじみだ。毎日、潮に濡《ぬ》れて海の底を覗《のぞ》く。

「うちの旦那《だんな》は沖でときどきタコとってくるけど、塩辛いね。私がとる磯ばたのタコはうまみが違いますよ。タコは水が汚れるのを嫌うんだね。タコが入る穴にゴミがあったら、まず入っていないもんね」

これはかずゑさんの弁。次は絹江さんの話。

「以前は島のまわり全部がタコの漁場だったんだけどね。道路や堤防をつくったおかげで、漁場は狭くなるしね。タコ穴に砂が入って、穴ふさがっちゃってね」

伊勢湾沿岸はイイダコの好漁場であったが、いつの間にか幻の海の幸となった。かつては手ぐり網でとったし、底引き網にもかかった。二月、三月のイイダコは一般に頭といっている胴の中に、卵つまり飯《いい》が詰まっていておいしかった。

日間賀島にはタコを祭る寺があって章魚《たこ》阿弥陀と言われる。年中、参詣《さんけい》人が絶えない。伊勢湾を挟んだ対岸の三重

日間賀島の港近くで漁をする海女

県伊勢市有滝《ありたき》には、正月半ば、タコ祭りという行事がある。稲わらで作ったタコを家の軒に放りあげて、大漁を祈る。タコは食べるだけでなく、信仰の対象にも、はては民俗行事にもなって興味を引く。

人間とのつきあいは古いようで、桑名市の蠣塚《かきづか》新田の貝塚からは、イイダコをとったと思われる小さなタコ壺《つぼ》が出土している。九州・豊前の海では、大ぶりの巻き貝であるニシの貝殻をタコ壺の代わりに使う。明石海峡あたりでは、二枚貝のウチムラサキのちょうつがいのところをつないで壺の代わりにした。明石市の博物館で見たことがある。イイダコがその中に入って、二枚の貝を上手に閉じてしまう。タコは知恵者だ。

とにかく無脊椎《むせきつい》動物の中では、タコほど機能的に発達した動物はほかにない。素早い身のこなし、物を摑む力、状況に応じて体色を変える。目がよく見え、さらに学習能力がある。

タコは、アマモやホンダワラなどが茂る藻場などに寒天質の卵塊を産み付ける。藤の花に似ていることから、海藤花《かいとうげ》と呼ぶ。親ダコは一か月、餌《えさ》をとらず、卵を守り続け、稚《ち》ダコが泳ぎ出すのを見届けて生涯を終える。愛情深いものだ。

「岩ノリを採っているとタコが来るしね。舅《しゅうと》さんがいつかいったべさ。いくらノリ採りに夢中になっても沖に尻向けちゃいかんぞ、沖の方に尻向ければ、タコがやってきて足引っ張られるぞ」

昨年末、私が訪ねた青森・津軽北端の龍飛崎《たっぴみさき》の近く、小泊村の漁家のおかみさんの言である。

「岬の土産物屋では、よそでとれたタコ売ってるし、大小かまわずとりすぎたんだべ。釣り人は磯を汚すしね」

おかみさんはこのようにもつけ加えた。

かつて日本の海辺はどこも豊かだった。宝の海を殺したのが人間である。魚が憩い、卵を産み、稚魚が育つ揺籃《ようらん》の場が荒れ放題なのだ。まず、開発という思考が、貴重な沿岸を汚し、そして潰《つぶ》し続け、豊かであった海を息絶え絶えにまで追いつめてしまっている。

人びとは魚がいなくなった、と嘆くだけで、いつの間にか、それを当たり前のこととしている。つまり、慣れてしまって解決を急がない。

先送りが得意なお国柄とはいえ、海あっての日本であり、魚あっての日本人だ。山川海をひと続きの環境ととらえ、海を守ることを国民的課題とすべきであろう。今、いちばん必要なのは、みんなで力を合わせるという、パートナーシップである。今年こそ、海岸の保全、沿岸漁業の再生を力強く叫ぶ年でありたい。

（二〇〇三・二・一九　朝日新聞）

荒廃の続く渚

さる二月一九日、本紙夕刊の学芸欄に掲載された拙稿「海からタコが消えてゆく」を読まれた千葉県鴨川市の友人から、はがきをいただいた。

「鴨川の漁師さんに聞いてみると、こちらはまだかなり取れています。とくに和田町の磯場は水がきれいで、磯ダコが多いそうです」

一読、うらやましくなった。伊勢湾や熊野灘沿岸と比べ、外房総の磯はまだ健在なのかと……。

海辺の四季が移ろう中、春三月、四月の磯ほど美しいものはない。食用になるヒジキやカヤモノリをはじめ、多種の海藻が一気に活気づいて磯辺を飾る。貝が息づき、小魚が憩う。自然の多様性のすばらしさを身近に発見できる場所だ。

しかし、昨今、どうも怪しい。今年も、「沈黙の春」の海辺である。

伊勢湾のアサリの激減が、それを物語る。松阪市を流れる阪内川《さかないがわ》と櫛田川《くしだがわ》の両河口に挟まれた海域で、かつてはすばらしいハマグリが取れた。今、その豊漁の知らせを聞かない。バカガイもそうだ。クボガイやギンタカハマといった磯物と呼ぶ巻き貝も早晩、「幻の貝」になるのではないかと心配される。二月初め、尾鷲市内の磯を歩いたが、磯の香りのするハバノリは、ごく限られた場所にしか見あたらなかった。

陸と海が接するところ、それが渚《なぎさ》である。岩石の磯、砂や礫《れき》の浜、河口に作られる州、干潮のときに現れる干潟など、様々な形をして我々の近くにある。海藻がよく育ち、生物の種類も個体数も豊富だ。環境保全をする上で高い価値がある、とされるゆえんである。

その大切な渚の荒廃が目立つ。伊勢湾に人工海岸の何と多いことか。埋め立てによって、満身創痍《そうい》だ。

熊野灘沿岸の七里《しちり》御浜《みはま》は年を追ってやせてきている。一部は消波ブロックの並ぶ人工海岸に変わり、その消波ブロックさえ散乱している。

隣県のことだが、熊野川をまたいだ和歌山県新宮市の三輪崎から佐野へかけての海岸の埋め

熊野灘七里御浜の消波ブロックの散乱。2002 年ごろ

立ては、渚を永遠につぶした。海は一続きと考えれば、決して他人事《ひとごと》ではない。

コンクリートの護岸堤防や、がっちりした埋め立ては頑丈だ。しかし、渚のもつ多くの働きは期待できない。寄せては返す波の動きはむだのようだが、渚の、いや海全体の生物社会に活力を与えてくれている大事な作用だ。

自然に手を加えることに、今まで以上に慎重でありたい。どこまでが許され、どうすれば回復させることができるのか。こんな議論や見極めが少なすぎないか。

何事によらず、渚のように一見、気が付きにくい形で役立っているものに、もっと光を当て、正しく評価することが求められている。

（二〇〇三・四・二四　朝日新聞）

北海道の道、にしひがし

日本中の漁村を巡り、そこで生きてきた人たちの話を聞いて記録する仕事を始めて、早くも一五年になる。私は自動車の運転免許を持たない。だから、ひたすら鉄道を使い、バスや徒歩で海辺の道を行く旅である。これからもそうだろう。漁村への道は、山坂を越える道であったり、崖の上の岨道《そばみち》だったりすることが多い。

しかし、北海道の漁村巡りは、鉄道の便が少ないから、駅を出てしばらく歩いてというわけにはいかない。幸い、札幌におすまいの若い友人である石崎淳一さんが、自動車を走らせてくれるので助かる。道内の人でも、そう何度も行かないような所まで訪ねることができる。

北海道開発局など、幾つかの機関が共同で実施する北海道の道にまつわるエッセイコンテストという催しが、四年前から続けられていて、私はその審査員の一人として参加している。友人はその仕事を引き受けている人である。「道」との縁といえようか。

いつか案内していただいて、一日走りまわった宗谷《そうや》からサロマ湖畔三里浜《さんりはま》までの道は、今も忘れがたい。あのときが初めての道東の旅であったから、うろ覚えでしかないのだが、稚内《わっかない》空港から東へのゆるい坂の道、そして宗谷岬から南下して、知来別《ちらいべつ》や浜鬼志別《はまおにしべつ》への道の、ひろびろとした景観は、北海道の特色を余すところなく発揮していた。

それらは、見渡す限りの果てしない道という感じであった。これがまた、本州はもとより、四国、九州の海辺では見られない雄大さなのである。単調と片づけてしまえばそれまでなのだが、初めての旅の者の眼には新鮮であった。移り変わる荒漠とした山野と、鉛色のオホーツク海の波との対照が楽しいものであった。

猿払《さるふつ》の道の駅が忘れられない。私はここで、オホーツクの海で働いてきた地元のお母さんたちから、思い出話を聞いた。ホタテガイが息づく猿払の豊かな海を育てた人びとの苦労話であった。集まった女性たちは、思い思いに五年に余る血を吐くような辛かった浜の暮らしを語ってくれた。話してくれる話の内容のみじめさが、立派な道の駅の建物とはいかにも不釣合に感じられた。あの声が今も耳にある。

猿払から紋別《もんべつ》までの道も、広くゆったりと一直線を描くといってよい。快適そのものであった。一時間走る間に、何人の人に出会っただろうか。夏祭りの準備をしていると思われる人一五、六人が、神社に集まっているのを見ただけであった。砂防用に植えられた樹々は、あれからどれだけ伸びただろうか。

根室《ねむろ》へは列車で何度か訪ねたことがある。小市《こいち》の墓を参りたいと、市内で土産物を商う人にお願いしたことがあった。伊勢若松から江戸へ荷を運ぶ途中、駿河沖で遭難し、七か月余の漂流ののち、千島のアムチトカ島にたどり着き、その後、ロシア各地をさまよった大黒屋光太夫《だいこくやこうだゆう》たち乗組員一行の苦難の話はよく知られる。その仲間の一人が小市。幸い厳寒のロシアでは生きのびて、光太夫と、同じ仲間の磯吉と三人で根室に帰り着くことができた。だが、不幸にも小市は、故郷伊勢の海を見ることなく根室で没する。立派な墓が根室の人たちによってできていた。

「小市がなくなって野辺の送りをするときにですね、根室の人たちは、道を行く柩《ひつぎ》に向かって、真っすぐに行かっしゃい、と言ったそうですよ。迷わずに極楽へ行きなさい、という祈りをこめた気持ちからでしょう」

案内人のこの話に、北辺の人びとのやさしさを思い、私は感激した。

根室は丘が続く街である。そのとき、納沙布《のさっぷ》岬《みさき》のすぐ手前の珸瑶瑁《ごようまい》へ行くのに、市内の坂のある道を通った。道路の中央分離帯にハマナスが植えられていた。足を止めてよく見たら、花は八重咲きで美しかった。

積丹《しゃこたん》半島を走り、豊浜《とよはま》トンネルをくぐったときも感動した。一九九六年二月の大岩崩落事故

珸瑶瑁へ行く途中、たまたま見た拾い昆布の作業

のあと、昼夜をわかたぬ工事が続いたという。見違えるほどのトンネルと道路、奇岩が続く岸辺と、背後の屹立《きつりつ》する崖。これらは、猿払から南へ走る道とは、まるで正反対の特徴を持っていた。

神恵内に建つ松浦武四郎の歌碑

このときも札幌の友人の案内であった。神恵内《かもえない》村までの走行を無心したのである。古平《ふるびら》から峠を越え、日本海へ出る。手にしている二万五〇〇〇分の一地図には、道路が書き込まれていない。道がないようですよ、と運転する友人に訊《き》けば、いい道ができているから大丈夫です、と答える。その日の目的は、北海道という名をつけた、いわばその名づけ親である幕末の探検家松浦武四郎が、かつて歩いた道を、この足でと思ったからだ。武四郎も三重県の人。坂道を登った村を見降ろす丘に、歌碑が建つ。「婦《ふ》るふの海」と詠まれた武四郎の歌一首が、大きな石に彫られていた。

友人石崎さんとの最初の出会いは、オロロンラインを北上して苫前町《とままえちょう》でバスを捨てたときであった。ここで漁村の女性たちの集いがあり、その席へ招かれて行ったときのことである。

講演を終えた翌日、苫前の海で働く女性に会うため、町内をバスで走ったとき、車窓から、「長島」というバス停を見た。このことを、町の役場の課長さんに話したら、あそこは、三重県桑名の近くの長島町からやってきた人たちの集落である、と言われる。古老の何人かは、今でも、「そいでな」という、伊勢の「な言葉」を遣うことがある、と聞いた。私の北海道の道への思いは、なぜか三重県ゆかりのところばかりである。身びいきということだろう。

北海道の道は、あまねくゆったりとしている。このことは、誰でもが認める評価だ。私はそれとともに、道を含めた、両側の風景がいいと思う。まわりの風景と道とがうまくとけあって均衡がとれている。そこに絶妙な味がある。

だが、何といってもいちばん好きなのは、札幌のど真ん中、時計台の見える街角、あの雑踏である。ここには数知れない歴史の蓄積があり、また、北の大地を拓いていった人たちの情熱とセンスが満ちあふれているのだ。

ある作家が、本当に古いものは、いつも新しい何かを与えてくれる、と言ったが、この言葉通りの街角である。道は文化の尺度であるともいわれる。それを実証する四つ角でもある。

北海道にしかないこの往還の雰囲気に、何度来ても私は息を呑《の》む。そして口ずさむ歌、それが、「時計台の鐘」のひとふしだ。

時計台の鐘が鳴る
大空遠くほのぼのと
静かに夜は明けて来た
ポプラの梢に日は照り出して
きれいな朝《あした》になりました
時計台の鐘が鳴る

ここここそ、北の交差点の代表である、といえるだろう。

（二〇〇三・春・夏『北の交差点』13号　北海道道路管理技術センター）

石狩、浜益濃昼行

一〇月二日、石狩《いしかり》の野は早くも秋冷、草もみじの野面、国道二三一号線をバスが走る。九時一〇分、札幌発の「日本海るもい号」である。私は浜益《はまます》村をめざした。濃昼《ごきびる》に住む女性、木村《きむら》良子《りょうこ》さんに会うためである。

約束の時間の都合上、役場のある浜益まで足を伸ばした。乗客は僅かであった。整備された道路が北へと続いていた。日本海からの風が強く吹いて、ひとしきり時雨《しぐ》れた。はるばる来たぜ浜益へ、と替え歌が口を突いて出る。雨の降る広びろとした道路に立った。ふと、斎藤茂吉の歌集『石泉《せきせん》』の中の、何首かが思い浮かんだ。

かきくらし雲ひくきなべに川浪の
　立てるが上を鳥いそぐ見ゆ
隧道《トンネル》をいでて明るき峡《かひ》の空
部落のうへに海の潮《うしお》みゆ

昭和七年、石狩などを旅したときの連作の中から二首。

濃昼はひっそりとした集落であった。玄関に訪ねる人が立っていた。

「浜益は以前は不便な村でした。道のない村といってもいいような所でね。山道を歩いて暮らしていたんです。私は川下《かわしも》から濃昼のニシンの網元へ嫁いで来ました。そのときも、毘砂別《びしゃべつ》から細い道歩いて来たんです。荷物は天気のいい日に船で運んでね。嫁に来たのは、昭和二七年だったから、そのころはまだニシンがとれてとれてね。しばらくしてとれなくなってからは、小さい船買ってタコとりました。木の箱でね。箱に穴あいていますね。そこを棒《ぼ》っこで突いてタコ出すんです。棒っこで突くとタコでてくるの。

当時はね、箱五〇入れたら、全部にタコ入っていたね。川下から仲買人が買いに来ていました。トラックに積んで持って行くんだけど、七曲りで坂道だし、砂利道で揺れるから、タコ、トラックから落ちてね、山の中の道歩いていた、という話があるの」

僅か一五軒ほどの場所に、立派なニシン番屋が建っている。見事というしかない。明治三〇年に津軽から来た大工が苦心して建てた。その番屋へ、良子さんは嫁いで来たのだった。番屋は和洋折衷の建物で、塔のように見える応接間のポーチと屋根は、まるで、チェーホフの芝居の舞台装置そのままといってよい雰囲気を醸し出している。

番屋の前を広い道路が走る。以前は狭い道であったろう。ニシンを山と積んだ道であった。海辺の人びとの暮らしとともにある一本の道、それは小さな港に向かって延びているが、果ては人

かつてニシン漁の番小屋であったみごとな建物、濃昼で

家と荒海とを隔てる高い堤防で途切れていた。

「一日に二〇〇〇万円の水揚げをしたこともあったのに、ニシンとれなくなってからはね、うちの父さん、漁の合間には道路の人夫しました。時代が逆転したんだべさ、とよく言ってたですよ」

国道二三一号線が開通するきっかけは、濃昼の小学生が、早く道路がよくなればいいなあ、と視察に来た道庁の職員たちの前で、作文を読んだことによる、と良子さんは昔話をしてくれた。のちに、北海道知事になる堂垣内《どうがきない》さんが、「わかった、必ず道路をつけてあげるから」、と子どもたちに約束したのである。

その日は午後も風が吹き、時雨が人気のない村を濡らした。港の堤防に波しぶきが弾《はじ》けた。強風の中を赤岩《あかいわ》トンネルが望める岸辺まで歩いた。荒波が岩を咬《か》んでいた。何台ものトラックがトンネルの中へ吸い込まれていく。

国道二三一号線の海岸沿いの区間には、トンネルが多い。長いのもあれば短いのもある。まさにトンネルの見本市である。それぞれ掘削された年代が違うから、自ずと規格も異なる。

帰りは厚田《あつた》のバス停まで送るという息子さんの厚情に甘え、夜の国道を走った。

「赤岩トンネルはもう古いですよ。トンネル内の壁面のふくらみが少ないから、トラックが中で行き違うときなんか、壁に当たってね。壁があんなに怪我しているでしょう」

この人のいう通り、壁にはトラックによる擦《こす》り傷が痛々しい限りである。木村さんにとっては、毎日走り抜けるトンネルである。怪我している、と自分の分身のように親しみを込めて言う。その言葉に、海辺の人の心のやさしさを感じた。

覆道《ふくどう》がある。トンネルのようであって、片側からは海が覗ける道である。覆道というのも、どこか北海道らしい言いまわしだ。二つのトンネルを継ぎ足して一つにしたのもある、と運転者は言う。

「もうじきそのことがわかりますよ。継ぎ目のところに海側へ出られる窓のような出口があるから」

私を乗せた車は、その丸く仕切られた出口を、一瞬にして後方に置き去りにした。

今年三月に新しくなったばかりだという長いトンネル（滝の沢トンネル）をくぐった。上下左右ゆったりとした空間である。すこぶる明るい。両側には歩道もある。年に何人の人が歩くのか。

石狩から浜益までのこの道に、人の歩く姿はなく、自動車専用という感しきりであった。北海道の暮らしの形態がそうさせるのだろう。

厚田からの帰りのバスも、乗客は私一人であった。運転手は発車まぎわまで、タバコをくゆらせていた。ただ一人の客に向かって、問わず語りに言う。

「もうすぐ山が黄色くなってきれいですよ。私たちバス運転手の何よりの幸せは、北海道は道がいいことですね。眺めがいいんです。道が周囲の風景に溶け込んでいます。十勝《とかち》の方へ行けばもっといいですからね」

つまり、道が風景を作っているということなのである。風景の核として道がある。それが北海道のすばらしさといえるのだ。運転手に冬はどうです、と訊けば、それは大変ですよ、とひとこと答えた。

雪が降るからだろう。積雪が道幅を狭める。同じ道でも、夏と冬との使い勝手に差があるのは北海道の特色、いわば、それは北の国の宿命ともいえる。

「今のようにいい道がないころはね、冬なんか、送毛《おくりげ》の坂の上から、尻に笹を敷いて滑り降りて、濃昼まで帰ったこともありますよ。尻《けつ》滑りといっていましたね」

元気な声で話した木村良子さんの語り口が、バスの運転手の声に重なる。

暗闇の石狩の野を一時間ひた走って、やっと前方一面に、札幌の雨の夜の光が見えた。

（二〇〇三・秋・冬『北の交差点』14号 北海道道路管理技術センター）

〝漁村に暮らして〟見えたもの

六月二二日、夏至の日のことである。三重県熊野市の熊野市民大学という社会教育の講座に招かれて、少しおしゃべりをした。スライドを映して、日本各地の渚《なぎさ》の荒廃の現状を報告する内容のもので、新刊の拙著『渚ばんざい――漁村に暮らして』（ドメス出版）で書いた幾つもの事例を参考にした。

すぐ近くの七里御浜《しちりみはま》の、特に井田海岸の砂浜の消滅と、茨城県阿字ケ浦《あじがうら》の白い渚の消滅寸前とを見比べて貰《もら》った。後者は、発電所建設のために築堤した三キロメートルに及ぶ堤防が原因であるといわれる。これは、熊野灘七里御浜の轍《てつ》を踏んでいるといってよい。

人間の都合だけで自然環境を悪くし、さらに、波消しブロックを並べて景観を損ねている。養《よう》浜《ひん》対策とはうらはらに、年を追って渚は痩《や》せていく。これらの現状を写し出すスクリーンに、参加者の眼《め》は釘《くぎ》づけになった。

その夜、ゲンジボタルの乱舞を見た。大又川《おおまたがわ》をずっと遡《さかのぼ》った大井谷という、ごく小さな集落である。八時、雨がしきりに降った。ホタルもそれに負けじと、光の玉は右に左に、上に下にふわりと飛び交う。見物人はすべて無言で、光の交錯に酔っている。音は小川の流れだけであった。

闇《やみ》の中を横に飛んで近づいたのを、傘を逆様にして掬《すく》いとり掌《てのひら》に載せた。たった一匹であったが、『源氏物語』の故事に倣《なら》って、袖の中に隠そうにも、半袖のシャツである。掌中《しょうちゅう》のホタルはしばらくしてまた闇の中へ飛んだ。

蛍のやどは川ばた楊《やなぎ》
楊おぼろに夕やみ寄せて

唱歌そのままの世界であった。大井谷の人たちは、ホタルの飛ぶ間は、玄関はもちろん、部屋の明かりもなるべく暗くして、ホタル見物に協力してくれているのだ、と道案内人は小声で語った。何と床《ゆか》しいことか。そういえば、今夜は名古屋のテレビ塔なども、短時間だけ消灯される。こんなことを思いながら、暗闇の雨の道を歩く。

そのとき、煌煌《こうこう》とヘッドライトをつけて突入してきた県外の自動車があった。進入禁止の制札もあらばこそ、停車のまま、ホタルの飛ぶ杉林を照らしているではないか。無粋なこと限りなし。世の中、自分の都合という勝手ばかりが罷《まか》り通る。国民共有の財産である渚が減っていく原因とホタル飛ぶ闇を照らす行為と、大小の差はあれどこかで通底している。

つまり、真の自然保護思想が未成熟なのである。

（二〇〇三・七・二〇　読売新聞）

春の海、貝の嘆き

三月は一年中で磯が一番輝くときである。凪《な》いだ日など渚《なぎさ》を歩くのは楽しい。春一番が吹くころ、磯はこのときとばかり身支度を始める。アラメ、ヒジキ、カヤモノリ、アオサなど色とりどりの海藻が丈を伸ばして波にたゆたう。

この様子を、ずっと以前のことだが、婦人が美しいドレスで着飾ったような、と少々きざな言いまわしで文章を書いたことがあった。児童文学や作文指導で知られた国分一太郎《こくぶんいちたろう》さんが、それを読まれて、うまい表現だとほめてくださった。春の渚を歩くと、それを思い出す。

三月の磯は一年で最も潮がよく引く。熊野灘の漁村では、そのころの潮を彼岸潮という。彼岸潮には少し早い早春のある日、紀伊長島町の海岸を歩いた。海野《かいの》の岸壁で、中野恒夫さんに会った。この町にお住まいの中野さんは、貝の美しさに魅せられて、収集すること四五年、朝からイセエビ漁の網に掛かった貝を探す。網干し場で手を休めることなく立ち働く漁師さんたちの間を縫うように腰をかがめて貝を拾う。漁師さんから見ればごみであるが、中野さんはこれらの中から、時折、宝物を見つける。

「この間、がんがらで内裏雛《だいりびな》を作りました」

中野さんが言われるがんがらとは、コシダカギンタカハマやクボガイなど円すい形の巻き貝をいう紀伊長島での呼び名だ。貝殻の模様を衣装に見立てた、掌《てのひら》にのるほどのかわいらしい雛人形を見せてもらった。

がんがらも、山一つ越えた尾鷲では、ちゃんぽこと変わるし、志摩地方での言い方はいそもんとなる。どれも早春においしい貝だ。

「長年、漁師さんたちの協力のおかげで三〇〇〇種にあまる貝を集めてきましたけど、最近は減りましたな。餌《えさ》になる海藻もめっきり少のうなったしね。一見、海は青いが、どこかで変化が起きているんです。そのことを物言わぬ貝が合図している。貝の嘆きに耳を傾けんといかんのですが、人間の方がそれを聞き取ろうとせんのでしょう」

中野さんは沈黙の海辺を見てこう話される。刺網《さしあみ》を干す漁師さんも、この冬はイセエビもとれんしな、と言葉少なであった。

それにしても、昨今の海辺はどこも淋しい限りである。今年もまた、「沈黙の春」がやってくるのだろうか。

（二〇〇四・三・一四　読売新聞）

貝の研究家であった中野恒夫さんの在りし日の姿。
イセエビ刺網にかかった貝を貰い集めている

タコにこと寄せて

早春のころおいしいのがイイダコ、それが最近とんとお目にかからなくなった。とれなくなった原因はいろいろあるが、人間が砂底を汚したこと、これが第一であろう。

私たちがタコの頭といっている球形のところは胴で、春先きのイイダコの胴の中には、米粒状の卵がびっしりつまっている。等量の醬油と酒を煮立てたところへ、生から入れて煮上げたイイダコの煮つけはすこぶるおいしいものだ。一切れを口に含んで嚙《か》みしめるとき、春が来たと感じる。ちなみに頭は胴の付け根の眼のある部分をいう。「足もまた軟（ら）かにして美なり」とは、和漢三才図絵の言葉である。ここにいう足は八本の細長い部分で、正しくは腕というべきだろう。

飯蛸《いいだこ》の一かたまりや皿の藍《あい》

飯蛸と侮りそ足は八つあると

二句とも夏目漱石の句。漱石に限らず、足が普通の呼び名で、腕という人は少ない。

タコの産地として知られる兵庫県明石市では、大きな赤貝のちょうつがい部分に孔《あな》をあけて紐《ひも》でつないだのをタコ壺《つぼ》にし、延縄《はえなわ》でとる。その古いものを明石市立博物館で見た。香川県の直島《なおしま》町役場のロビーには、古墳から出土したイイダコをとる小ぶりのたこ壺が展示されている。九州豊前《ぶぜん》（福岡・大分）の海の漁師たちは、大きなニシの貝殻でとるときいた。

北海道では木の箱でとる。壺を縄にくくりつけて海底に沈める延縄漁が一般的だが、釣りでも捕獲する。仕掛けのついた板に餌《えさ》をつけて釣るのである。私の住む五ヶ所湾には、かつてタコ釣りの名人がいて、この人などは大きなアワビ貝に仕掛針をつけて釣った。アワビ貝の白く光るのを利用したのである。壺はもちろんのこと、木の箱といい貝殻の利用といい、そこに住む漁師たちの工夫のすばらしさに驚く。魚と人間の知恵比べの好例の一つであろう。

いささか旧聞に属するが、一月なかば、伊勢湾沿岸の漁村、伊勢市有滝町《ありたきちょう》では八玉《やたま》神社の祭礼が行われた。祭りの主役はタコである。だがそれは海でとったタコではなく、村人たちが稲わらで作ったタコだ。一つかみのわらを三つ編みにして足を作り、それを丸く曲げたもの八本を、胴にくくりつける。胴、つまり頭にあたる部分もわらで作る。雌雄一対が当日の獅子舞いの中での大勢の見物人に中に投げられ、人びとは二つのタコを奪いあうという行事。材料は稲わらであ

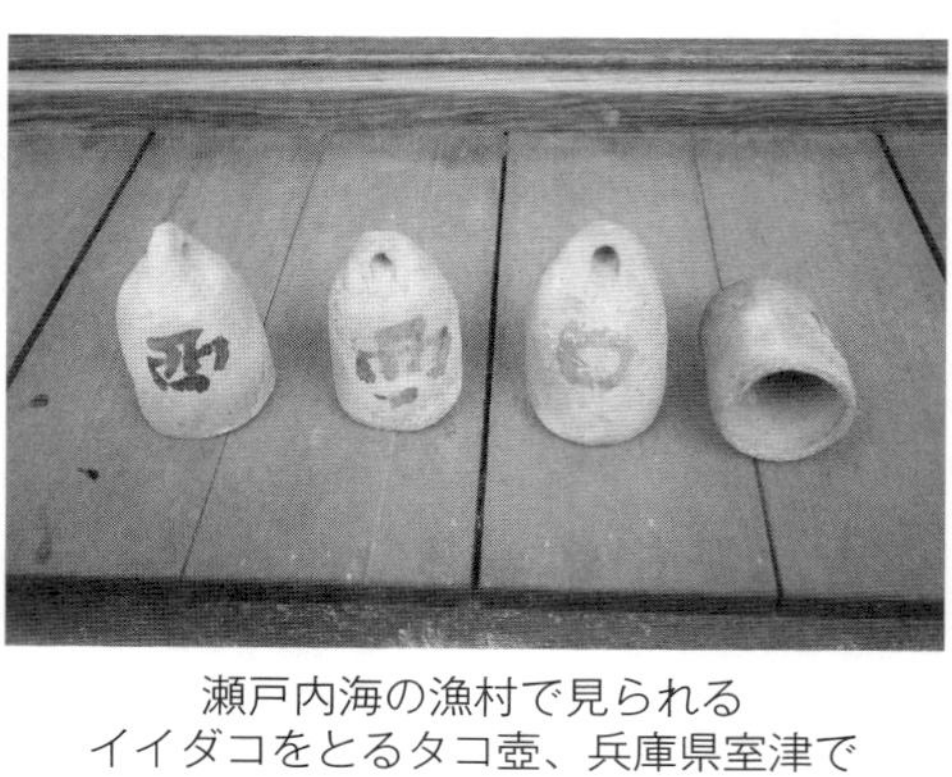

瀬戸内海の漁村で見られる
イイダコをとるタコ壺、兵庫県室津で

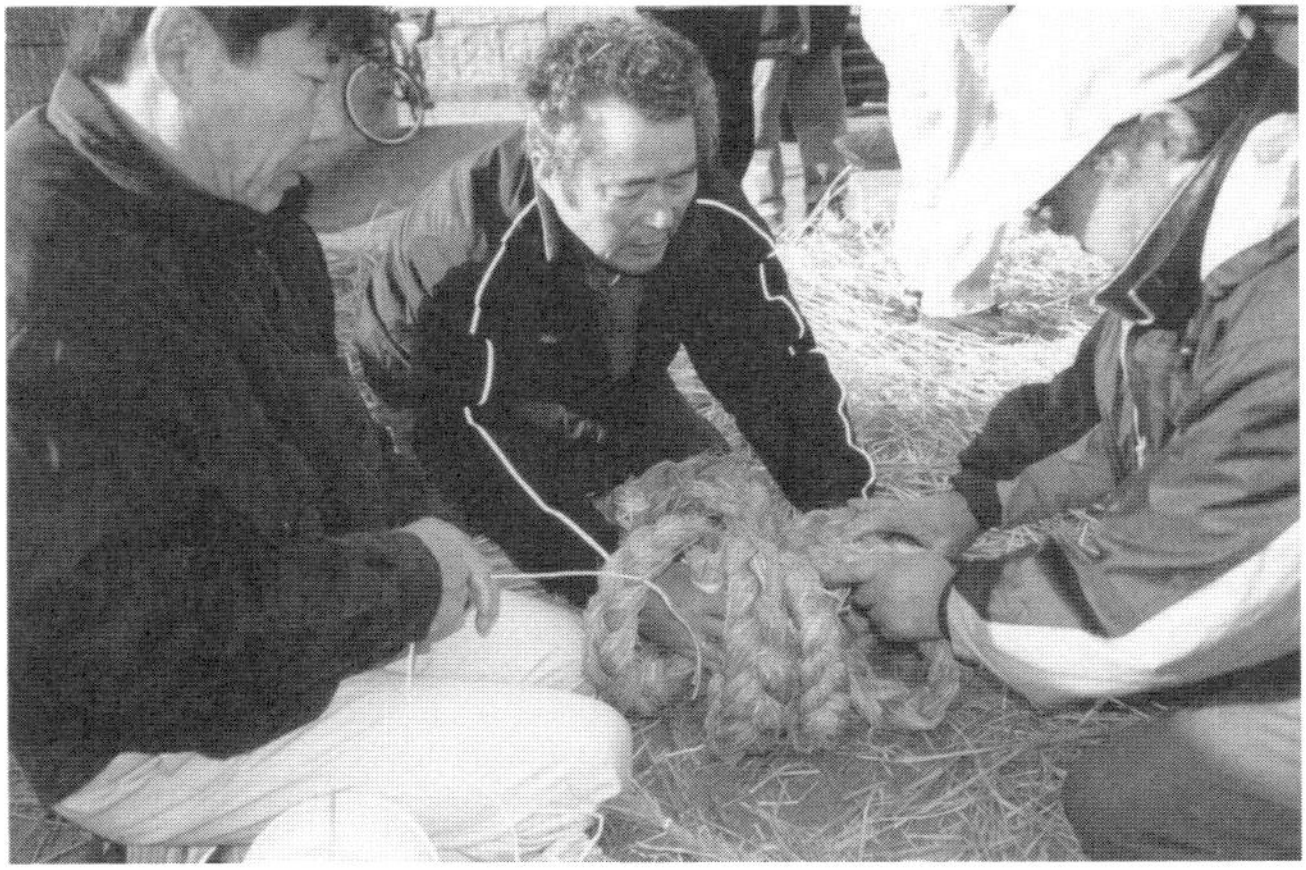

伊勢市有滝町に伝わるタコ祭り、稲わらでタコをつくる

り、地元の主たる漁獲物であるタコを祭りの主役にするところ、海と共に生きる人びととの心意気が感じられ、伊勢湾沿岸の漁村文化の一端がしのばれるようで床《ゆか》しい。

無脊椎《むせきつい》動物の中でタコほど機能的に発達した動物はほかにない。すばやい運動力、強い握力、遠くまでよく見える眼《め》、いわば千里眼の持ち主だ。状況を判断して一瞬に体色を変える能力、その上優れた学習能力もあるといわれる。これらどれをとっても、今の私たちが学ぶべきことばかりだ。

超高齢社会で最も大事な年金制度がぐらついている。人口推計など、統計学では日本はどこの国にもひけをとらない水準であるのに、年金施策の破綻のみじめさ。タコの千里眼にも及ばない。

（二〇〇五・二・二七　読売新聞）

伊勢湾は「里海」である

伊勢湾は魚介藻類の宝庫

伊勢湾は日本最大の内湾である。東京湾のほぼ倍の水域面積二三四二平方キロを持つ。そこは魚介藻類の宝庫で、四季を通じて多くの海産物を私たちの食卓に提供してきている。漁師たちは多種多様の漁法を考案し、魚との知恵比べを続けてきた。古い漁法だが今も受け継がれているのが、湾口に位置する鳥羽・答志島《とうしじま》のコウナゴ漁だ。コウナゴはイカナゴのことで、島の漁師たちは、この漁を柄掬《えすく》いと呼ぶ。

「柄掬いは鳥が知らせたのを、人間が横取りするやり方やな」[※1]

島の漁師はこのように言う。タイなど大きな魚がコウナゴを追う。それを海鳥が群れに固めようとする。海中にもウが潜っていて、コウナゴの群れを下から上へと持ちあげていく。上に浮いてくる魚群を、空中で舞うカモメが見つける。それを人間がいち早く察知して、船の上から長い柄の大きなタモ網で掬いとるのである。魚群が大きいときには、ひと掬いで二〇籠、高値ならおよそ一〇〇万円になるというから、豪勢なものだ。まさに宝の海である。

消滅した漁法・漁場

すでに消滅した漁法もある。栗石を積んでウナギを捕ったのが、石ぐりといわれる漁法。「三〇〇個ぐらいの栗石を小山のように積んでおきます。高さ七〇センチぐらいの山に積み上げるんです。そのまわりを竹で編んだ簀《す》で巻いておく。潮が引いてから石を取り除いていくと、足にぽんぽんとウナギやアナゴが当たる。きょうはよけおるぞ（たくさんいるぞ）、と言いながら捕ったもんです」※2

これは私が松阪市の漁師から聞き取りしたものの抜粋である。石ぐりの漁場であった浅瀬はすでになくなり、岸まで潮が来ている。

北部の湾奥はさらに激しく変貌した。木曾岬干拓事業は、漁師たちが葦山《よしやま》といって大事にしてきた漁場を潰した。

「ハマグリがよう繁殖したで、その卵がひろがって木曾三川全体、どこでも捕れました」※3

それに長良川《ながらがわ》河口堰《ぜき》の建設が追い打ちをかけ、中部国際空港もできた。空港の造成で、カレイ、クロダイ、アイナメなど高級魚の多くいた漁場が消えた。こんなケースは日本中のどの湾どの海域にもある。海が変わったという漁師の呟《つぶや》きは、考えてみれば、しまった、という後悔を積み重ねてきた二〇世紀の日本の漁業の歩みの嘆き節ともいえよう。

しかし、彼らは嘆いてばかりいるのではない。積極的な種苗《しゅびょう》放流がある。ヨシエビの稚仔の放流によって、四日市磯津《いそづ》は豊漁が続く。かつての四日市公害の原点である海域でのこと、歴史の皮肉といえようか。

桑名赤須賀《あかすか》の漁民のハマグリ稚貝の長年にわたる放流も見逃せない。長良川河口堰建設によって、川底は荒廃したが、それにめげず放流を続けてきたことへ、自然が応えてくれている。ここで毎年夏休みに、地元と岐阜県の小学校の児童たちが交流体験学習をする。素足でハマグリのすむ川底を歩く。私もそれに合流して漁場に立ったことがあるが、隣にいた岐阜県からの引率の教師が、赤ちゃんのこぶし大のハマグリを掘りあて、宝くじに当たったような気分だ、と大喜びした光景を、今も忘れずにいる。

海は万華鏡

海は漁業者の場とだけしか考えがちだが、決してそうではなく、「里海」としての視点が必要な時代になってきている。伊勢湾も漁師だけのものではない。海上交通を考えれば誰にでもわかることだ。それは沿岸に立地する発電所のほか、四日市などのコンビナートとも結びつく。一〇〇〇万人の暮らしとも切り離せない。名古屋、四日市、豊橋といった日本有数の貿易港を持ち、中部国際空港の出現がさらに多面性を加えた。海上の物流だけでなく、航空による人と物の流れが重なったのである。巨大船舶が往き交い、空には飛行機の飛来がいとまもない。

この繁栄の姿に、私は四日市港を私財で築いた稲葉三右衛門を想う。伊勢湾の恩人である。そして港の先にオランダの技師デ・レーケが潮吹き堤を見事に完成する。

空気は透通《すきとほ》って、海の向こうの細かい漁師町まで浮世絵のやうに見える。能《よ》く凪《な》いで藍を湛《たた》へたやうに濃く澄み切った海の上を、白帆が滑るやうに動いて行く。鯊《はぜ》釣船が数《かぞへ》切《き》れぬほど出て居る。其中に黒く塗った大きな汽船が一艘、横浜と伊勢の四日市との間を往復して居るのだ。※4

これは知多《ちた》半島半田の出身である明治の作家小栗風葉《おぐりふうよう》の小説「ぐうたら女」の初めの部分。数え年一四歳の少年が、東京へ行きたいと胸をたかぶらせながら、知多の丘に立って四日市港の出船入船の様子を、遠望しているシーンである。それからすでに一二〇年が過ぎた。

先人が営々として築きあげた港や堤防は、日本が近代化へ進んだ道のりを示す有形の文化財であり、一方、各浦浜に受け継がれてきた幾つかの漁法は、無形の文化財といえる。このように考えれば伊勢湾は歴史を学ぶ場でもあるといってよいだろう。

また、伊勢湾の海岸は海浜植物が多く、アカウミガメが産卵にやってくる渚《なぎさ》も各地にある。人の心を和ます自然があちこちに息づいている。海は万華鏡といえよう。

「里海」としての視点を

このように伊勢湾は多くの顔を持つ。漁場としての海にとどまらず、日本人すべての共有財産であるという視点が必要なのである。共有はすなわち共生、それがつまり「里海」だ、という捉え方が、二一世紀の課題となるべきであろう。「ウミハ　ヒロイナ、オオキイナ」という唱歌の通り、伊勢湾は広い。広い故にその変化に気づかずにいる人もまた多い。「海は人間の多様な営みを映す」[※5]といわれる。人間の暮らしを映す鏡である。海という鏡を照らすも曇らすも人間次第。「里海」として、すべての人びとが関わっていく、そのようなグローバルな視点が、今求められている。

（二〇〇六・五『Ship & Ocean Newsletter』海洋政策研究財団）

※1、2、3『伊勢湾は豊かな漁場だった』海の博物館編（引用は著者が聞き取りした部分）
※4『明治文学全集』第六五巻　筑摩書房
※5『Ship & Ocean Newsletter』NO.125 編集後記

名人に会う旅
——漁村を歩く

漁村を歩いて早くも二〇年になる。私は何かに取り憑《つ》かれたようにして海辺を歩いた。北は北海道猿払《さるふつ》、ホタテガイの水揚げにわく岸辺から、南は沖縄西表《いりおもて》島《じま》の椰子《やし》の実が流れ寄る南風見《はえみ》の白い砂浜まで、訪ねた浦浜は三〇〇か所、約五〇〇〇人の人たちから話を聞いた。

この聞き書きを思い立ったのは、昭和が平成と変わったとき、普通の人、いわば常民の暮らしを通して昭和時代を見つめたい、それならば、暮らしを支えてきた女性たちから多くを聞こうと考えたからである。それは、漁村で生まれた者にとって、何か使命感のようでもあった。

「六〇歳を過ぎると海女も体力が落ちますよ。一個の

北海道猿払でのホタテガイの水揚げ。
同行の札幌市石崎淳一さん撮す

沖縄西表島南風見の浜辺で

アワビをとるのに、何息も、何息もして潜ってね。一つのグループで、お互い、近い距離で漁をしていますね。だからアワビに当たってとっているのと、とれないで潜っているのとは、すぐわかるわけですよ。たまり（とった貝を入れておく網）が空だと、かわいそうだといってね、その海女が潜っている間に、そっと、たまりに貝を入れてやったりしてね。そんな親切のしやっこ（しあいっこ）でやっているんです」

千葉県千倉《ちくら》で聞いた話である。海女頭のてきぱきした口ぶりが心に残った。その人は荒井トクさんといった。

「全部アワビをとってしまわないで、二つか三つ残してね。そうするとそこへまた集まってくるんです。元通り石を置いてこないといけませんね。だから私はね、八月の漁のときなんかは、大抵、磯づくりの気持ちでやっていますよ」

これこそ、名人の言葉でなくて何であろう。

荒井さんは、仕事に出る前、産気づいて自分で湯を沸かして子を産んだ、と告げたが、そのような体験談を話してくれた人は何人もいた。唐津《からつ》の沖にある神集島《かしわじま》の女性も、そんな体験を持つ人であった。

「いちばん下の子のときはね、船の中で腹痛うなってね。お父さん、こんどは魚市場まで行っきらんとよ、言ってね。湯も沸かしきらんとお産したんです。臨月でも海へ出てね」

こんな話を福岡県二丈町《にじょうまち》の稲荷神社で催されていた女相撲の土俵のそばで聞いた。ここの女相撲というのは、目かくし相撲である。七福神の顔を描いた袋を頭からすっぽりかぶり、座ったままで相撲をとる。闇の世界で相手を捕え、取っ組み合って勝負を決める。その日会った神集島の女性は、女相撲の横綱であった。玄界灘を舞台に半世紀以上、魚を追って生きてきた女性も、この道の名人であるとい

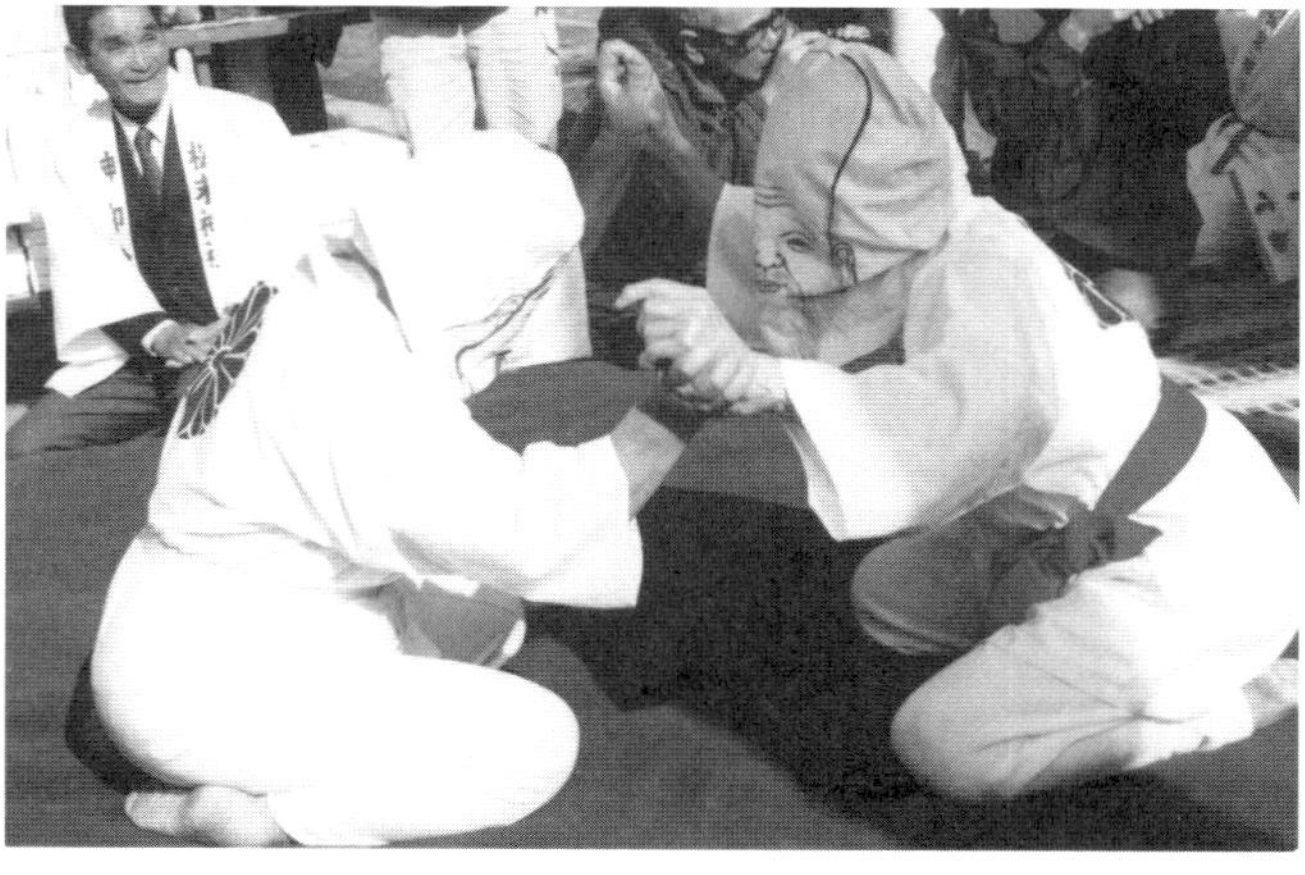

福岡県二丈町（現・糸島市二丈）での“女相撲”

える。

宮崎県延岡市の離島、島浦島《しまのうらしま》で何人かの女性に集まってもらい、話を聞いたことがある。次は、その島で活躍する産婆さんの話。

「お産をするときは、この村ではね、畳をはくり出して（めくってしまって）板間にしてその上でお産をしたんですね。布団の上でするようになったのは、昭和も三〇年になってからですよ。後産は板間の下を掘って埋めたんです。だけど、これも不衛生ですから、あとからは墓場に埋めるようになりましたね」

帰り道、安井《やすい》という小さな集落で、戦争中海女仕事をしたという女性にあった。

「潜りをしました。海女ですとね。三重県の和具《わぐ》という所からだったか、海女さんが夫婦で来て教えてくれました。体の大きな肥えた女《ひと》じゃった。石引っくり返して流れ子（トコブシ）をとりました」

海女の夫は三度出征したが、無事帰ることができた。

「腹は大きいし、これからどうして暮らしていったらいいのか、と不安でね。涙が出てきてね。はらんだ体にエプロンしているからパンパンでね。涙拭こうにもエプロンのすそ取るのが取りにくくてね。年寄りと子どもかかえてね。若い時代、楽しいことなんか、何もなかったとですよ」

お腹すきませんか、と差し出されたあのときのアンパンの味が忘れられない。

北海道の天売《てうり》、焼尻《やぎしり》の二島を歩いたときに会った女性は今も元気だろうか。焼尻の波止場で夕コカレーを食べたときに教えられて訪ねた人である。その人は、かつては島いちばんの資産家小《こ》納家《なや》のおかみさんであった人。江差《えさし》近くの漁師の娘であったが、一六歳で芸者になった。三味線一棹《ひとさお》を持って北海道をめぐり歩く。縁あって小納家に嫁ぐ。しかし、後妻であった。爪弾きで佐渡おけさの幾節かを歌ってくれた。江差追分を一つと所望したが、あの歌は頼まれてもすぐには歌えない、と答える。そして、元気な声でアハハと笑った。笑い声が北の果ての海へ吸い込まれていく。まるでテレビドラマの終場面のように思えた。

北海道焼尻島で会った小納家のおかみさん。
愛用の三味線を爪弾いてくれた

私は、海辺を歩くことによって、そこで暮らす人びとから多くを学ぶことができた。大半がひとり旅であったが、時には道案内を買って出てくれた人もあり、迷うことはなかった。本誌巻末の「発刊のことば」は、いみじくも「旅は楽しい。旅を楽しむのは、私ども人類の重要な営みのひとつでもある」という文章で始まる。しかし、私には、この二〇年近く、旅は、「楽しいとばかりはいえないところが」あった。人を選ぶことの難しさ、それに取材等で多くの金を費やしたこともその一つ。だが、その代わりにたくさんの「人の縁」を得た。人貧乏にはならなかったのである。そのことが貴い。さらに新しい人の縁を求めて、今、私は次の海辺を探している。

（二〇〇八・四『まほら』55号　旅の文化研究所）

北海道天売島の朝の海

葦の髄から漁村を覗く

マダイ養殖の漁村で

今年、一月一七日土曜日、熊野灘の小漁村で「石《いし》経《ぎょう》」という、三八〇年前から続く伝統行事がとり行われた。その日は大寒をひかえていたが、冬日がまぶしい陽気で、珍しく凪《な》ぎの一日であった。

浜から拾ってきた丸い石に、寺の住職が般若心経の経文を一字ずつ、つまり二六六字を墨書しておく。その石を船に積み、住職と漁業協同組合の役員などを乗せた漁船が、沿岸の漁場をくまなく回り、力強い太鼓の音が響く中で、石を一つずつ海へ投げ入れていく。

住職は蛇腹《じゃばら》に折られた経文を両手に持ち、お経を唱える。これが石経の行事である。折しも波一つない群青の海に太鼓が鳴り渡り、青竹やのぼりがはためく漁

尾鷲市須賀利町の石経の行事。
取材に駆けつける人が多い

船が、絵のような風景をくりひろげる。石経は豊漁や海上安全を祈る行事、ささやかではあるが、漁村の原風景と言ってよい。

その小漁村は三重県尾鷲市須賀利町《すがりちょう》、かつてはマダイ養殖がさかんで、海面所狭しと養殖筏《いかだ》が浮かんでいた。ちなみに、〇七年夏現在、戸数は一九七戸、人口三六六人(男一六六人、女二〇〇人)で、平均年齢は六三歳余、老人の一人暮らしの世帯も多い。漁協の正組合員は、一〇八人であった。

須賀利町の海は深く切れ込んだ入江で、水深があり、また湾口が外洋に向いているという、養殖漁場には最適の海で、ここのマダイは、今も「須賀利の真鯛」という銘柄品だ。最盛期(一九九二~九五)の一五、六年前には、一〇〇軒からの養殖漁家があったが、今は一〇軒足らず、七軒まで減り、今期も四軒が廃業するらしい。あっという間に、たった三軒にまで減ることになる。

減少の原因はいろいろあろうが、まず出荷価格の低迷である。浜値がキロ当たり七〇〇円やっとといわれる。まだ須賀利だからこの価格なのであり、他の漁場はさらに一〇〇円は安いという声を波止場で耳にした。養殖を始めた頃のキロ当たり二〇〇〇円、一八〇〇円との落差に声が出ないほどだ。その安値が、天然もののマダイの値段まで押し下げている。高級魚というイメージの強かったマダイが、養殖のおかげで一歩庶民に近づいたといえるが、生産する側の漁業者から言えば、「苦しい」の一言に尽きる。それに若者の漁業離れで、後継者不足は三重県下どの浦浜も共通の悩みなのである。

今春で一応廃業する業者（今持っているマダイを全部出荷し終わるのに一年ぐらいはかかるが）に、大阪府豊能町《とよのうちょう》出身の青年が、マダイ養殖の仕事に雇われていた。七年間潮まみれになって働いた。これからも須賀利町の漁師として過ごしたい希望を持っていたが、雇主が廃業となれば、結局のところこの仕事は続けられないのである。事業主となるための、組合員資格がないためだ。残る他の業者にこの青年を雇う余裕などない。〇八年の暮れに、町での住まいをたたんで帰阪した。私はこの一九七九年生まれの青年に、〇七年の秋に、一度だけだが現地で会ったことがある。

「大学を出てすぐ来ました。早いものでもう六年目に入っています。初めのうちは、あまりにも静かなのと、若い人がいませんから、気抜けしたような気分でした。ほんとに若い人がいないんです。ある家で二人、息子がいますけど、その人たちも三〇歳代ですから、私より年上ですよ。

養殖施設は湾内ですから、沖へ出て漁をするという漁師ではありません。仕事は投餌《とうじ》のほか、出荷作業が大半です。土曜日もあります。秋はモミジダイといって美味しくなりますから、これからは出荷尾数も増えます。

餌《えさ》やりは水温の関係もありますけど、秋の場合、月水金の三日、機械で自動的に投餌します。相手が生き物ですから決まった休暇はありません。親方と私を含めた従業員が三人、この四人態勢ですからね。

マダイの養殖は一〇〇グラムぐらいの稚魚を入れて、二年から三年飼います。春が主ですが秋《あき》仔《ご》を入れることもあり、二、三年育てて一・三キロから二キロぐらいになるでしょうか。一枠に五〇〇〇尾から七〇〇〇尾ぐらいの稚魚を入れて、二五枠の筏を管理しています。すぐ横で、近畿大学水産学部が種苗生産をやって稚魚を育てていますし、ほか愛媛県産のものも入れています。

今年（〇七年）は、稚魚にイリドウィルスという病気が出ていますね。死んで海面に浮かんだのを、尾鷲にある県の水産試験場へ持っていって調べて貰いました。イリドウィルスに罹《かか》ったときは、餌をやらずにおいて、病気がおさまるのを待つよりほかないんです。二年ぐらいまでの稚魚のときに多いですよ」

青年は須賀利での仕事の一端をこう語ってくれた。好青年は七年間だけが漁業者であった。海が好きだ、漁業をするのが学生時代からの夢であった、と呟いた彼。語りかける若者の眼は澄みきっていた。

「須賀利は漁場がすばらしいですからね。水深は十分あるし、外洋の潮がすぐ入ってきます。いい環境はいい資源だと思うんです。将来それをどう活かすかですよ。漁業経営という難問に立ち向かっていくエネルギーがあるかどうかなんでしょうけどね。他所者《よそもの》が何を言うか、と叱られるかもわかりませんが、若者が定着できるだけの魅力を漁業の面でどう創り出していくかだと思います」

彼が別れぎわに、このようなことを言ったのを、私は忘れずにいる。

石経の行事のとき、見物の船に乗せてもらって漁場をひと回りした。同乗の漁師さんは、ここにもあそこにも一面にマダイの養殖筏があったのだ、と説明してくれる。今、そこには新しくクロマグロの養殖施設が設置されている。漁業経営も日進月歩、休みなく変わっているのだ。

そのとき、近畿大学の研究者にも会った。須賀利の魚場を借りて、一五〇万尾のマダイの稚魚を飼育していると言う。三センチから八センチぐらいまでの蓄養である。二か月で八センチになるというから、六センチぐらい伸びるとして、ざっと一日、一ミリほど成長するという勘定だ。一センチ一〇円が相場だと教えてくれた。

こんなすばらしい漁場を持つ漁村でも、すでに正組合員は七〇人を切っている。いよいよ漁協合併しか生き残る道がない、というのが関係者の声。だが、果たしてそれで、今までの伝統ある良き共同体としての漁村が維持されていくのか、そんな不安がちらっとよぎったのである。かつて活気のあった漁協が支所となる。とたんにさびれた雰囲気がただよい淋しくなっていくのを、私は三重県全域、伊勢湾沿岸の漁協でも熊野灘沿岸の多くの所でも、そのことをこの目で見ているからだ。

もう一つの漁村——早田町《はいだちょう》

須賀利漁港の岸壁から、ずっと南下して外洋に出、中部電力三田《みた》火力発電所の煙突を西に望み、桃頭島《とがじま》を過ぎてその南五キロの九木崎《くきざき》を見ながら進むと、しばらくして見えてくるのが、早田町の集落である。須賀利湾口から海上ほぼ一五キロの距離にある。

早田町は谷の両側にできたほぼ八〇戸ほどの小さな漁村、早田湾も狭い海域の入江だ。だが、湾口は左右を巨岩で守られて、すばらしい自然景観を形づくる。海から見て南側、つまり湾口左側のカラカマノ鼻といわれる断崖は、高さ三〇メートルもあろうか。見事な柱状節理の岩肌が深い海に落ち込んでいる。その奥には洞窟のような岩の裂け目があった。サザエ、イセエビの宝庫である。

早田町は須賀利町にさきがけて一足早く、一五日に石経の行事をすませた。両者似たような行事だが、ここは漁場も狭く、須賀利町ほどの派手さはない。御多分にもれず超高齢化の集落である。須賀利町同様、以前は船便が唯一の交通手段で、陸の孤島であった。

しかし、目の前には日本有数の漁場といわれる熊野灘があり、ブリなどの大型定置網で栄えた。五〇〇人余の人がこの狭い谷間で暮らしていた。銭湯もあったという。今、人口は二〇〇人を切り、高齢化率は六五％、二〇代三〇代の漁師はいない。それでも朝、昼、夕方の三回のバスの便があるから、集落規模としてはひとまわり大きい須賀利町よりは、その点では恵まれていよう。

三重県南部の尾鷲地方の漁村には、古くから「共同《ともどう》組合」という組織がある。これは漁業協同組合とは別で、ブリをとるのはこちらの組合の方だ。一人一株の組合でいわば自治組織といってよい。漁協長が共同組合の長でもある。

ここの組合長（岩本芳和さん）は市内の漁協長の中では若手である。衰退した漁協経営を、かつての会社員のとき会得した企業会計の知識を活かして運営を立て直し、積年の赤字を一年で黒字に変えた。組合員が漁協へ払う手数料の値上げなど、組合員に痛みを伴う改革案を提案した。反対者の多い中で、古老の後押しを得て、見事立ち直らせたのである。この年、ブリが大漁であったことも幸いした。市内の漁協の大半が累積赤字で頭をかかえている中で、ここは小なりとはいえ、きらりと光るものがある。

〇八年初夏に早田を訪ねた。岸壁で漁師の老夫婦が小アジを手開きにして、味醂《みりん》干しを作っていた。腰をかがめて声を掛けたら、町に出て暮らしている子ども等に送ってやるのだ、と答えた。そして武骨な指で小アジを網に干す老漁師が続ける。

「今年はモジャコがようとれてな。きょうも朝持ち（朝早く網を揚げること）で、二〇万円も漁した船があった。煎餅屋《せんべいや》にも行くらしい」

ハマチの稚魚がどうして煎餅屋にと訝《いぶか》りつつ話していくうち、ここでは小アジのことをモジャコと言うのがわかった。小アジなどは、小網と呼ぶ小型定置網で採捕す

岸壁で小アジの味醂干しを作る早田の人たち

る。一人でも網が曳けるほどの規模で、早田の海は今、この小網で活気がある。時にサメやマンボウが網に入ることもある。

だがここから南へ二つ目に港にある漁協は経営破綻して解散だ、というニュースもある。熊野灘波高しの感しきりである。このような末端の漁村が切り捨てられようとしている。

「日本人の食卓の大半を支えてきたのは漁師であり、漁村なんです。その漁業が今衰退の一途でね。漁業がすたれれば困るのはまず都会の人たちではないのかな。切り捨てはご免ですよ。漁村を無くしてはいけないんです」

岩本さんの表情はおだやかだが、この言葉には千鈞《せんきん》の重みがある。松阪まで帰る私を、尾鷲のバス停留所までトラックで送ってくれたとき、しみじみと車中で語った言葉だ。

赤字の漁協も健全経営の漁協も、漁協合併という大波に呑《の》み込まれていく。漁村を衰退させないために今何が求められているのか。合併したのちの漁村を、今まで以上に、どう活気ある地域社会に蘇らせていくのか。これが問われなければならない。それにしても中央での議論の何と少ないことか。今、二兆円をどうするかの議論より、むしろこちらの方がよほど重要かつ緊急な課題ではないのか。夜道に日は暮れず、いまさらじたばたしても仕方がないとあきらめるのではなく、漁村回生の道を探ることだ。まだ日は沈んでいない。浜からの大きな声が必要なのである。

（二〇〇九・四『漁業と漁協』554号 漁業経営センター）

歴史から学ぶ

空が白み始めた早朝の港。二〇人ぐらいの女の人たちが「おりた」と呼ばれる四角いせいろを広場一面に手際よく並べていく。ざっと数えたら、二五〇枚ものおりたが、ちょうど一枚の敷物のようにひろがっていた。

町役場を退職し旅に

女の人たちは、そこに頭とはらわたを取り除いたイワシやアジをぱらぱらとまいていく。そうして日に干した後、五、六匹ずつ竹ぐしに刺して炭火であぶり「焼き干し」にするのである。

青森県むつ市の漁村、九艘泊《くそうどまり》。下北半島の西南に位置する焼き干しづくりの村である。二〇〇八年一〇月、私は青森港から船で陸奥湾を渡り、脇野沢という港から海岸沿いに七キロほどタクシーで走ってその村に着いた。

村に住む人の作業納屋を訪ね、焼き干しの話を聞いた。夫を戦争で失い、磯でウニをとったり畑にジャガイモを植えたりしながら三人の子どもを育てたという九〇歳の女性。男の手より大きいと言われる、と和やかに笑いながら、太い指の両手をひろげて見せた。

私は一九八九年から全国の漁村を訪ね歩き、そこに暮らす人たちに体験談を聞いて記録してきた。二〇年間に訪ねた漁村は北海道から沖縄まで三二〇か所、話を聞いた人は五三〇人余。録音テープは二〇〇本近くにのぼり、体験談をまとめた著作は一一冊を数える。

三重県の漁村で産まれ育った私は、地元の町役場に勤めていた七〇年代に合成洗剤の追放運動にかかわった。海の汚染を防ぐために合成洗剤の使用をやめ、粉せっけんを使おうという女性たちの運動である。子どものころから親しんだ海はそのころ赤潮が発生し、汚れる一方だった。

その体験から、私は全国の漁村を歩いて女の人たちに話を聞いてみたい、と思うようになった。そして昭和から平成に元号が改まっ

本州の果て、青森県むつ市九艘泊の港の朝。
水揚げされたイワシ、アジを選り分けている

た年の春、定年まで三年を残して役場を退職し、漁村を訪ねる旅を始めたのである。

直接のきっかけは、岩波書店が原稿を公募した「私の昭和史」と題する新書だった。故郷の海にまつわる少年期からの体験などをつづった小文が採用されたのだ。編者の加藤周一氏による序文に「歴史を理解するには、近接して個別的な状況を見る必要があり」といううくだりがあった。

この言葉に背中を押され、漁村に生きる普通の人びとの暮らしをできるだけ多く聞かせてもらおうと決心した。そこから日本の本当の歴史が浮かび上がるのではないかと考えたのだ。早速、手始めに合成洗剤の追放運動を通じて知り合った千葉県の外房に住む丸山隆一郎、正二郎さんご兄弟などに、話を聞かせてくれる人を紹介してもらった。

海女の真心に感心

旅を始めたころにお会いして強く印象に残っているのは、千葉県の海女の女性である。五〇代後半のその女性は、近くで漁をしている海女の「たまり（とった貝を入れておく網）」が空だとかわいそうだから、その海女が潜っている間にそっと貝をいれておく、と話してくれた。海女が親切にしあう様子を聞けて「来て良かった」と思った。

私は一九三二年生まれだが、同世代の人たちの話を聞いていると、戦争中の体験談が随所に出てくる。子どものころの飢餓の苦労は忘れられるものではない。日本中どこへ行っても、普通の人びとの歴史に戦争が影を落としているのだ。

北海道利尻島の３月の朝。
島でカスベと呼ぶ魚（ガンギエイ）が吊るし干しされていた

私の俳句仲間で三重県の同じ町に住む七〇代の女性は、一二歳だった一九四五年七月、空襲に遭った。小さな漁村に落とされた爆弾の破片で大けがをし、四つ年下の弟を亡くした。不自由な足をかばいつつ、ときたまイセエビ漁の刺網を干す仕事の手伝いをしながら、漁村の片隅で静かに暮らしている。

方言を大事に記録

漁村の人びとの話をまとめるにあたっては、その人の発する言葉をそのまま記録するよう努めている。話し手の心を表現するには方言が大事であり、標準語に置き換えないことが大切だと考えているからである。方言を記録したテープは貴重だと三重大学の先生に言っていただいたので、二年前、三重大学付属図書館に寄贈した。

今年からは全国の離島での暮らしを主に聞くこ

とに決め、三月に北海道の利尻島、六月に愛知県の佐久島を訪れた。利尻島には明治中期、三重県の志摩半島から海女が集団で出稼ぎに行き、そのうちの何人かは現地の男性と結婚してそのまま移り住んだと聞く。

最近の旅で聞いた体験談は『甦《よみがえ》れ、いのちの海』『漁村異聞』（ドメス出版）などの著作にまとめた。「近接の視点」から私なりに歴史をとらえる旅を、今後も続けていきたい。

（二〇〇九・七・一六　日本経済新聞）

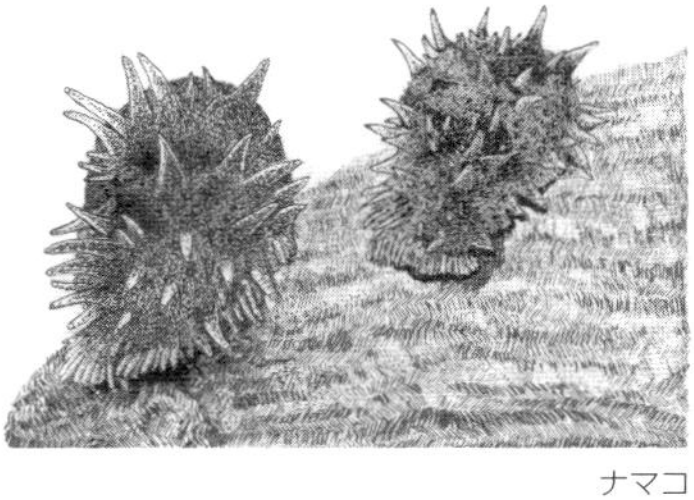

ナマコ

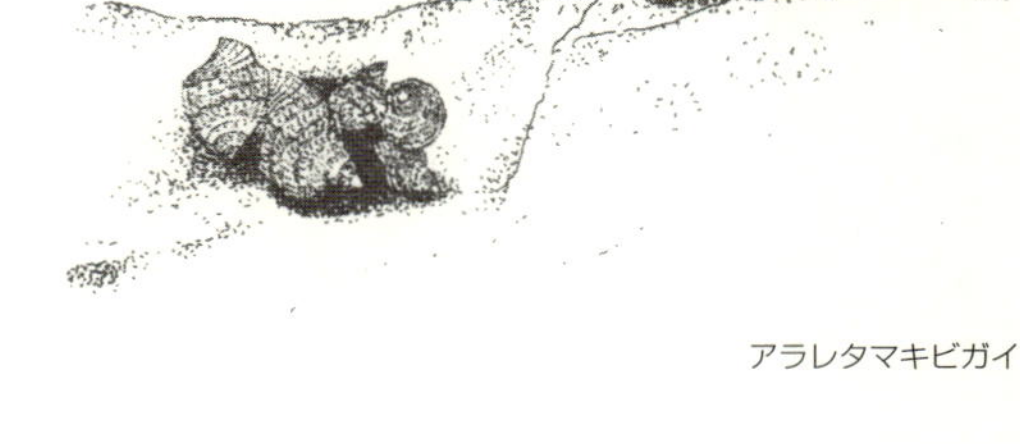

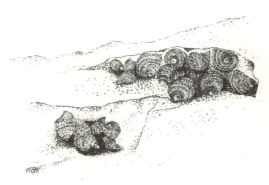

アラレタマキビガイ

第二章　出会いの風景

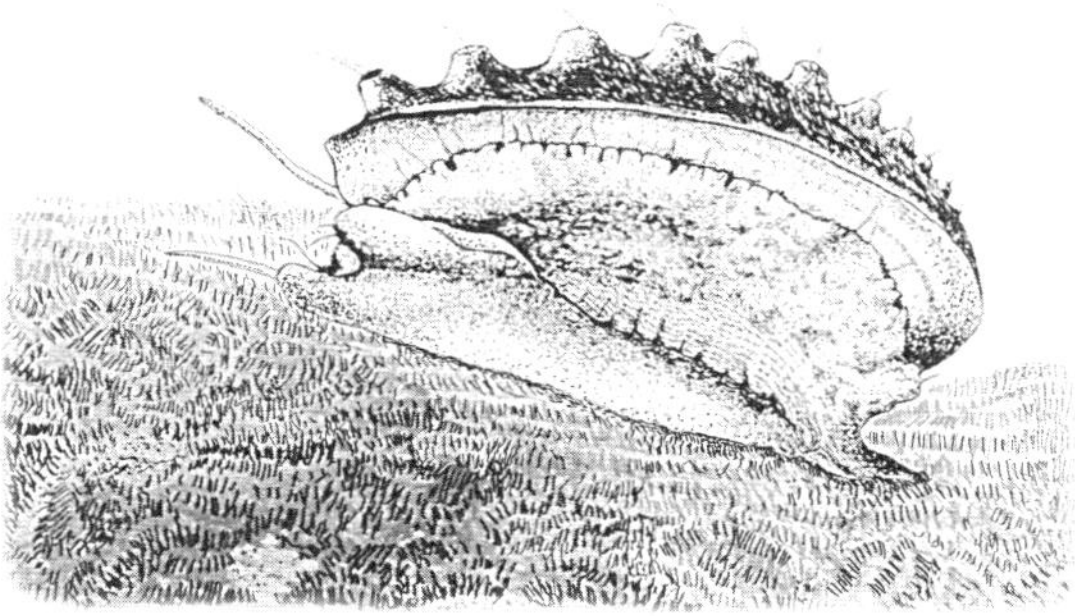

アワビ

明平さんの首

六月九日は杉浦明平《すぎうらみんぺい》さんの誕生日。毎年、お住いの近くで集まりがある。今回は、渥美《あつみ》半島の漁港、福江《ふくえ》の町の古くからある旅館の座敷が会場であった。

私もこの常連の一人に加えて貰《もら》ってすでに一〇年に近い。だから、この日の渥美ゆきは年中行事で、何はさておき鳥羽《とば》からの船旅が恒例となっている。

集まる者は三〇人あまりで、中には名古屋から駆けつけた人も何人かいる。西からは私が一人、大半は地元の人たちだ。町の読書会の人びと、この人たちは『海風』という同人雑誌を出している。名の通り、さわやかな海の風が吹きぬけている感じの雑誌だ。高校の先生や私鉄の労働組合の仲間たちがいる。染色家がいる。絵描きさんがいるし、自動車の整備工場を経営している人がいるかと思えば、医者がいて、俳人がいて、新聞記者が混じる。文学がすきというだけでなく、明平さんの人柄に引きつけられて集まってくるのである。それに加え、みな酒好きで、いわば明平さんの話を肴《さかな》にして、呑《の》みかつ喋《しゃべ》ろうという魂胆《こんたん》の者ばかりなのだ。

賑やかな会も今年は例年になく意義深いものとなった。いつの間にか、『ミケランジェロの手紙』の出版記念会になったからである。呑みかつ喋る会をそんな雰囲気にもっていったのが、東京からの二人。猪野謙二《いのけんじ》さんとこの本の担当者であった女性である。猪野さんは長身の痩軀《そうく》を静かな足どりで運んで来られ、杉浦さんご夫妻の横にすわった。

会は、例の通りの司会で始まり、では乾杯という事の運びで、猪野さんが指名された。私たちはみなビールをコップに注いで、捧げ持った。猪野さんの挨拶が意外に長かった。これはすぐには片づかないぞ、と誰かがささやいたわけではないが、みなは、知らぬうちにビールのコップを自分の膳に戻して、猪野さんの話に聴き入っていた。このあたりから、誕生会が出版記念会へとすり変わってしまうのである。

『ミケランジェロの手紙』がやっと出て、友人の私もうれしい。しかし、この本のどこがどうだという批評はここでは申し上げないことにしよう。訳者が六〇年もかけたものを、つい最近届けられただけで、すぐいい悪いと言うのは、かえって杉浦君に対して失礼だろう。私は一年かけてこの大冊を読んで、それからのちに感想を述べたい。

このような意味のことを話された。乾杯の挨拶というよりは、むしろ、一席の文学談話で、すばらしい緊張感のみなぎった話しぶりであった。

「惜しいことをしましたね。こんなことなら録音すればよかった」

私は隣に席を占める知人の出版社の社長に耳打ちした。

猪野さんは自分の話が長くなったと気づかれたのか、「もうこれで止めます」、と告げ、「乾杯」とこれはやや大きな発声であった。一同は急いでコップを持ち直した。

杉浦さんは、この六〇年間の、『手紙』に寄せた執念のようなものを何げなく語られた。すでに「あとがき」を読んでいた私は、何度かうなずくことができた。ユーモアあふれる話しぶりは、大業を終えられたあとの安堵感のようなものすらあった。三〇人だけが聴いた文学譚であった。むしろ、三〇人だけしか耳に出来なかった千金にもまさる、ちょっといい文学ばなしだったといえるかもしれない。杉浦さんの話に、ときどき猪野さんが相槌《あいづち》を打たれる。これがまた絶妙で、枯れきった漫談の味、三〇人は酒の酔いの中で哄笑《こうしょう》した。

明平さんは小さな小さな字を書かれる。時折り戴くはがきの字は、よくまあこんな細かい字が書けたものだといつも驚き、何度も読み返す。この『ミケランジェロの手紙』は、

杉浦明平さん夫妻、猪野謙二さんを囲んでの楽しい一夜。
渥美半島・福江の旅館で

明平さんの書いたものを、お孫さんたちが清書したらしいが、当時、高校生と中学生であったお嬢さんたちも、この小さな字には苦労したのではなかろうか。「あとがき」には、「二百字詰原稿用紙二二八四枚」とある。一度で足らず二度までも書き直しをしたのだから、お孫さんお二人も日本の出版文化に尽すこと甚大であった、といわざるを得ない。

「あとがき」がなんともまた楽しい読みものなのである。一編のエッセイを読むよろこびがある。六〇年の歳月をかけただけに、この「あとがき」も滔滔《とうとう》と流れる大河の水のような趣きだ。『イタリア語大辞典』の贈り主を手をつくして探しあてるエピソードなど、心打たれる。訳す人はもちろん、手伝う者も、出版する側も、すべて根気の連続であったのだ。

座敷の床の間に、明平さんのブロンズ像が飾られていた。作者はファンの一人で、兄は新聞記者で明平さん担当であった。それが縁で制作したと彫刻家は猪野さんの横でいきさつを述べる。

「鼻すじがなかなか立派だね」

と私の隣にすわる社長が呟く。

「美男におはす明平さんかな、ですよ」

私がこう受けた。

すばらしい首である。右横向きの顔に品格がただよっている。眼が鋭いと思った。

また、床の間には、身の丈よりも大きな縦長の額が掛けられていた。今日の宿にゆかりのある明平さんの作品の一部を、作者自身が一字ずつ丁寧に書いた貴重なもの。書いたのは最近らしい。

「私がいたらその場で断ったんですのにね。ちょうどそのとき本人がいてね、断りきれず引き受けちゃったんですよ。床《ゆか》の上に紙ひろげてね。四つんばいになって書いたんです」

奥さんはさらりと言ってのけた。横で本人はニヤッと笑うばかり。

「字を間違っちゃいかんからね、これには苦労しました」

宿の主人は今日の参集者に、この額を自慢したかったらしい。

一人ずつ挨拶という段取りになった。遠いところから駆けつけてくれたから、という司会の声にはげまされるようにして、私が口火を切った。挨拶の皮切りが私だったのは、主賓の席にいちばん近かったからだ。私はその日東京から届いたばかりの自分の新刊を、土産代わりに一冊持ってきていた。そのことをみなの前で言い、挨拶を続けた。

「私の本は三年がかりでできました。それでもやっと出版できたという思いですのに、杉浦さんは六〇年、この訳業をあたためて来られての出版なんです。小さな本ととっても立派な大きな本、本は丸くないですが、こんなのを、月とスッポンというんでしょう」

大笑いになった。私は続けた。

「でも、私も一つだけ杉浦さんをのり越えることができました。それは、初版の部数が少しは私の方が多いということです」

私の本を手にされた杉浦さんは、わがことのように笑みをこぼされた。隣の猪野さんが覗き込まれるようにして、刷り上がったばかりの、波の音が聞えてくるようなデザインの表紙を見つめていられた。私にとっては忘れられない光景であった。

「六〇年かけて一〇〇〇部足らずとは、全国の図書館の分すらない。文化国家もこれ極まれりだな」

席の向こうでこんな発言もきかれた。そんな話し連中に割り込んでいって、話の継ぎ穂を探す。

「それでも、とにかく出してくれたんだから、出版社の志や良しですよ」

あとは、酒の酔いの中での勢いばかりが目立った。

翌朝、居残り組の者数人が、その首を運ぶことになった。

「うまく渡さないと、お蔵入りになるかもわからんからな」

「玄関にでも飾って貰わんとね」

こんな会話がとび交う中、二人では持ち堪《こた》えられないほどの重さのブロンズ像を、二階からおろすのである。

「明平先生、いい顔だな」

「階段で足すべらさんように気をつけろ」

腰をかがめる私にうしろから声を掛ける者がいた。大事をとって二段ほどで代わって貰う。

自動車で運ばれた明平さんの首は、玄関に飾られることになった。奥さんがうんと言ったからもう大丈夫、と一行の一人が言う。

上がり框《かまち》に玉ねぎの入った箱があった。奥さんが、持っていったらどうですか、とうながす。

重いからな、と小声で言う者がいる。欲しそうな顔つきの者はいないようであった。せっかくですから、と私が最初に手を出した。大玉の玉ねぎであった。袋に一〇個も入れれば相当に重い。渥美の玉ねぎが海を渡る。これも縁というものだ、いいではないか、と納得した。

ビニール袋をぶらさげてフェリーに乗った。大勢の観光客の中で、私一人だけは異様な旅姿であっただろう。

（一九九五・九『図書』岩波書店）

明平さんの手紙

明平さんの首、つまりブロンズ像の制作者は、岩田実さんである。実さんに一歳上の兄があり、その人が中日新聞の記者で渥美地区担当の頃、杉浦明平さんとおつきあいができ、そのご縁でブロンズ像は生まれた。一九九四年のことである。

今年（二〇一四）四月二〇日付けの手紙を添えて、岩田さんの「後援会だより」第三二号（一四年春号）が、岩波書店『図書』編集室の人から、私の方へ転送されてきた。『図書』に掲載された「明平さんの首」を会報に使ったので、筆者の私に送ってほしいと頼まれた、という添え書きとともに、届いたのである。

岩田さんは鎌倉市内にお住まいであるが、一三年七月に隣の家からの出火で類焼された。

　二〇一三年七月二日、隣家に発した火災は忽ちのうちに私たちの住まいにも燃え広がり、消防車が駆け付けた頃には、ほぼ全焼というありさまでした。最後まで焼け残っていた一階南側の事務室兼居間の部屋から炎が上がるのを、悲鳴をあげるような気持ちで見届けて――以下略――

「後援会だより」（二〇一四年春・第三二号）には、そのときの様子がこのように書き出されている。類焼ではあったが全焼に近い状態で、「おびただしい蔵書、何十枚もあったレコード盤―中略―大好きな写真、油絵、デッサン、ブロンズ―以下略―」など、ことごとくを灰にした。しかし、幸いにも残ったものが幾つかあり、中に、私のエッセイ「明平さんの首」の『図書』からのコピーが混じっていたのである。「後援会だより」は次のように続ける。

左の写真は、これまでにも何度か紹介したことのある杉浦明平（すぎうらみんぺい　愛知県出身　小説家・評論家　一九一三〜二〇〇一）さんの肖像レリーフ（28×36×5㎝　ブロンズ一九九四年作）です。この作品は、写真をカードにして、機会あるたびに皆さんにお渡ししてきたものですが、一九九五年九月号の『図書』（岩波書店刊行の月刊誌）に「明平さんの首」と題してエッセイストの川口祐二（かわぐちゆうじ　三重県出身　一九三二〜）さんが、ご自分のエッセイの中でこの作品について書かれていらっしゃったことは、すっかり忘れていました。

それが、どういうわけか、汚れてはいたものの、それと読める形で焼け残った書類の中から不意に出て来て、私達を驚かせました。冊子はなく、四ページにわたるエッセイがコピーされ、題字の上に『図書』の名と発行年月が私の手で書かれていました。―以下略―

ここにいう「私」は実さんの奥さんの敬子さんである。敬子さんは、あちこち『図書』のバックナンバーが保管されている図書館を探した。やっとのことで神奈川県内では、横浜市立図書館にあることがわかり、コピーを取り直した、と報告されている。杉浦明平さんの署名入りの大著『ミケランジェロの手紙』も、貰った手紙と共に消失してしまったのである。

「後援会だより」が東京から転送されてきたことを、岩田さん夫妻に手紙で知らせたところ、時を措かず、一通の手紙が届いた。それは、明平さんが岩田実さんへ出した一枚で、右側は黒く焼け焦げている。消火の水で濡れたのか、紙全体に皺がある。

杉浦さんの手紙の字は非常に小さい。私も何十通かの手紙を貰ったが、中には、字が小さいから天眼鏡を使って読め、と末尾に書かれたはがきもある。岩田実さんあての手紙も同様である。私は低い温度のアイロンで紙の皺をのばし、水でにじんだ小さな文字を一字ずつ判読した。いちばん上に、やや大きい字で岩田実様と記されている。以下は次の通りである。

戦時下、戦後に書いて自費出版した本を再出版しましたので、お送りします。二〇代から三〇代の半ばでのことですから、相当威勢がよかったようです。出版社が売れそうもないと心配していますから、お読みのうえ、お気に召したら、お知り合いにすすめてください。

なお、来年秋に愛知県立図書館で、愛知県の文学者杉浦明平展が催される予定の由、そのさいあなたの杉浦明平レリーフ（わたしの友人たちの〇〇〇実物よりもはるかにりっぱだ、とすこぶる好評です）を、陳列したいと担〇者から予め依頼がありましたから、だいたい承諾したいと伝え〇おきました。来年の末近くの話ですが、どうかご了承下さい。

このところ、寒さのせいか、もうろくが脳にも手足にも出て来て心細くなっています。

とりあえず。

一九九六・一二・二四

杉浦明平

一枚の手紙は、原稿用紙を半分に切り、その表に書かれている。横書きで、句読点は打ってある所とない所があるので、私の責任で適宜補った。文中〇の箇所が焼け焦げている。最初の三文字と思われる所は「間では」のようであるし、次は「当」で、ここは「担当者」だろう。三番目は、「て」であることは容易にわかる。

岩田さんあての手紙に触発され、杉浦さんから戴いた手紙の中に、関係のものはないか探した。それはすぐに見つけることができた。一九九五年九月一日付けのはがきである。このとき、すでにはがきは五〇円となっている。文面は次の通り。

鰻の稚魚について、さっそく詳しい事情をお知らせいただき、今回は「図書」9月号をお送り下さって、有難うございました。

にぎやかだったあのヨカローの晩が思い出されます。40Ｐ中段終りから2行目「東京からの二人」は「三人」でした。42頁上段終りから2行目「額」は「屏風」だったような気がします。

後半は略するが、きちんと誤りを直してくれている。「気がします」と温かい言葉が添えられたはがきである。

鰻の稚魚について云々のことは、杉浦さんからの前便九五年八月一四日付けの書簡にある次のことを指す。

―前略―もう一つ、私の用事ですが、南勢町や尾鷲の海岸に一二月から三月まで、ウナギの稚魚（シラス）が寄りついて、それを捕りに人々が出かけますが、去年の暮れからこの春までシラスが一尾七十円という高値で―中略―一晩二万円どころか、たまには十万円以上稼いだという話ですが、紀伊半島から伊勢湾沿岸にも当然シラスが寄りつくはずですが、そういう話はありませんか。―以下略―

このような文面である。そして、この書簡の最後が面白い。

じつは、短い小説を書くのですが、渥美をそのまま用いると、プライヴェイトな被害を出すおそれがあるので、尾鷲あたりに場所を移したいのです。もし書き上げることができたら、会話の一部を南勢方言にしたいので、それにも御協力をお願いするかもしれません。内容は「三億円奪取事件の犯人」の生死についてです。（これは一応書き上げてみなければ、どうなるやら）

以上お願いまで

女房からも川口さんにくれぐれもよろしくいってくれという言い付けです。

一九九五年八月一四日

杉浦明平

川口祐二　様

この短編は幻に終わった。南勢言葉で話される愉快な、多分、そのような筋の運びになったであろうと、想像されるのだが、杉浦さんからの原稿は届かず、遂に短編は生まれなかったのである。

（未発表）

一冊の本にことよせて
――『明平さんのいる風景』

『明平さんのいる風景』（風媒社刊）一冊を手にして、私はあることを追想している。それは何か。もちろんずっと以前のことをである。『朝日ジャーナル』という、ちょっとカタブツの週刊誌があった。いい雑誌だったと、今もなつかしいのだが、この週刊誌に連載される小説がまたよかった。最近の週刊誌のどれよりもすばらしいものばかりだったし、文芸雑誌の軟弱な貧しい内容の小説など、及びもつかない長編がつぎつぎと掲載された。「派兵」、いい小説を書く人が出てきたと思った。発表順でないかもわからないが、「パリ燃ゆ」、「海鳴りの底から」、名作が書かれた。ずしりと重いものばかりであった。さらに私は、「小説渡辺崋山」の面白さに夢中になり、一週間が待ち遠しいものになった。「三年の長丁場に一度として原稿が滞ることがなかった」、とそのさし絵を担当された水谷勇夫さんが、『明平さんのいる風景』の中で書いていられる。

滞らなかったというのは、読者は一度も休載という不意打ちをくらわなかったということでもある。文学界が今のように衰弱していなかった時代だった。さし絵がユニークですばらしかった。書き手と描き手が、文学に「浮力」を与えたのであると思う。画家の躍動感ある筆づかい故にも、私はあの週刊誌がなつかしいのである。追想とはこのことである。

あるとき、杉浦さんは、『ミケランジェロの手紙』の表紙のうらに、次のように書いて下さった。

「眠りこそわたしにしたたしい
石であることはなおさらに。
禍と汚辱の続くかぎり
見えず聞えぬことこそ
わが大なる仕合わせ。」

本書、水谷氏の文には、杉浦さんが、「西暦二〇〇〇年を見届けなくちゃ面白くない」、と言われた、とある。来年は二〇〇〇年だ、しっかり見届けてくれるだろう。そして何を書かれるか。「土は人をだまさない」と杉浦さんはおっしゃるが、文は人なりで、作品もまた人をだますことはない。胸に応えるものがいつもある。沈滞した世の中は、かえって大作家を「見えず聞え」ずなど

杉浦明平さんの畑でスダチを貰う。1997年ごろ

と、片隅には置かないであろう。それほどに、寸鉄人をさすこの人の発言を、世人は熱望してやまないのだ。

本書は、「生前追想集」であるとはいうが、今ある人たちすべてが、いつまでも健筆でいてほしい、と願っているのではないか。「あとがき」にあるように、「庶民的解放感に充ち満ちた」杉浦さんの二一世紀での仕事を、この人を敬愛する者すべてが願っている。

この本が好評で迎えられた上は、杉浦さんにはもっともっと長生きしてもらわねばならないのである。赤松の根元に松茸が生えるまでは元気でいられることを、本書の読者一同こぞって祈ろうではないか。スダチは毎年、立派に実をつけるのだから。

（一九九九・一二『ＲＯＨＢＵＮ』第46号　労働者文学会議）

白い花と「夏は来ぬ」

初夏のころ、野山を歩いて、白い花々に出会った。スイカズラ（ニンドウとも）が葉のわきに花を二つずつつけて、独特の形を見せた。トベラ、シャリンバイなどが、葉がくれに小さな白い花をつけた。海辺に咲くテリハノイバラも白い花である。それぞれ固有の香りがあり、すばらしい自然の贈りものに感激した。今、テイカカズラが咲いている。花は先で五つに分かれ風車のようである。花の色は白から黄に変わる。

六月は環境月間である。身のまわりの自然へ、もう少し私たちの目を注ごう。それにはゆっくりと歩くこと、目線を低くして、五感を働かすことだ。三重県の東紀州の熊野古道の石だたみを踏めば、歴史と自然がまるごと体験できよう。

すでに花は終わったが、夏の白い花なら何といっても卯《う》の花にしくものはない。鈴鹿《すずか》川や宮川の河原に咲き乱れていた。熊野路の海やまの間を走り抜ける紀勢線の列車の窓から眺めた卯の花の風情もすばらしかった。白い花房が押しあうようにして谷風に揺れた。正岡子規の俳句に、

押しあうて又卯の花の咲きこぼれ

とある。

しかし、卯の花といえばやはり、唱歌「夏は来ぬ」の歌い出しであろう。卯の花は匂《にお》う花なのか、と疑ったりもする。鈴鹿石薬師《いしやくし》の人、佐佐木信綱の作詞であることは万人の知るところ。「卯の花の」、「さみだれの」、「橘《たちばな》の」、「楝《おうち》ちる」、「五月《さつき》やみ」と歌い出される五番までの唱歌である。小山作之助《こやまさくのすけ》の作曲、この人は滝廉太郎《たきれんたろう》にさきがけた明治の花形作曲家で、「漁業の歌」という曲もある。「夏は来ぬ」は、爽《さわ》やかで軽快な曲である。野辺の往還に口ずさむのもよい。

江戸時代末の国学者鹿持雅澄《かもちまさずみ》の和歌に、

卯の花の咲きてありぬと知らずかも山ほととぎすいまだ来鳴かぬ
ほととぎす早も来鳴けなわがやどの卯の花垣に早も来鳴けな

という二首を探すことができる。唱歌とこの二首に、似た語いの多いのに気づく。

雅澄に『万葉集古義』の大著がある。信綱も歌人であるとともに、「万葉集」をわれわれの身近に呼び寄せてくれた大文学者であった。雅澄の和歌を、「夏は来ぬ」の作詞の参考にしたのではないか。夏が来て、この歌を口ずさむたびに、いつもこのことを考える。


（一九九九・六・一八　中日新聞）

伊東里きのこと

——一九通の書簡から

明治なかば、三重県志摩半島の僻村片田村《かただむら》に生まれ、上京ののち、単身でアメリカへ渡った女性がある。その人の名は伊東里き《いとうりき》。一八八九（明治二二）年のことであった。そのとき二四歳。三重県のアメリカ移民のさきがけとなった人である。里きは一八六五（慶応元）年一一月二日生まれで、父は雲鱗《うんりん》といい村医者であった。里きは三女である（里きを雲鱗の二女とする資料が散見されるが、これはまちがいである）。

里きは渡米ののち、農場経営のほか、喫茶店の開業、メイド、生命保険の勧誘など、数多くの職業を経験したほか、晩年には助産婦の資格も得たといわれる。幾つかの仕事を体験しながら、第二次世界大戦中もアメリカにとどまり、一九五〇（昭和二五）年八五歳の生涯を閉じた。

里きが渡米した明治二二年は、教育勅語の発布に引き続いて、大日本帝国憲法が施行される前年であった。旧憲法は女性を二流国民とする家父長的近代天皇制国家の枠組みを作りあげ、女性が選挙権を得るのは第二次世界大戦の敗戦後からである。

この頃すでに鈴鹿《すずか》出身の斎藤緑雨《さいとうりょくう》は、明治文壇で活躍するが、緑雨に激賞される「たけくらべ」や「にごりえ」を書く樋口一葉《ひぐちいちよう》の出現は、明治二七年までまたねばならなかった。

さて、里きに戻るが、里きは渡米する前は、横浜に住む米国人の家で住み込みで働いた。のち、別の米国人の海軍大尉の家に移ったらしい。この大尉の家族が、アメリカへ帰ることになり、里きは同行を勧められ、この千載一遇を逃がしてはと、誘われるままに未知の世界へ渡る決心をする。

里きはそれまでに一度結婚している。志摩郡上之郷《かみのごう》村（現在の志摩市磯部《いそべ》町《ちょう》上之郷）の中静《なかしず》衛《え》長男中安守《やすもり》の除籍簿を見たことがある。里きのすぐ上の姉なをが嫁した脇田《わきた》家で、写しが保管されているのを見せて貰《もら》ったのである。「明治廿年九月六日三重県英虞郡片田村伊藤《ママ》一郎妹、父雲隣《ママ》三女入籍」とあり、氏名の欄に「里き」、生年月日は慶応元年一一月二日と書かれていた。中安守は里きより八歳上であった。二人は性格が合わず別れたらしい。里きが離婚届を出すため、上之郷へ来るが、中安守行方不明ということで離婚は成立しなかったといわれる。里きは再び上京した。渡米する前年のことである。

里きについては不確かなことが多く、こうだと断言できる事項が少ない。その意味でまだこれから解明されるべき人物といえる。その一つが、中里きという名の旅券で渡米したかどうか、ということである。横浜開港資料館には当時の出航した汽船の記録はあるが、各船の乗客名簿は一等船客だけで、他はわからないらしい。

渡米後五年目、つまり明治二七年に里きは初めて帰国する。この五年間の日本の動きはどうであったか。紡績の女工は一万人以上となり、東京においてであるが、下層階級婦人の下請内職人が急増している。ちなみに、マッチ箱貼り手間賃が一日約七〇〇個で四銭であった。

火筒《ほづつ》の響《ひび》き遠《とお》ざかる
跡《あと》には虫《むし》も声《こえ》たてず
吹《ふ》きたつ風《かぜ》はなまぐさく
くれない染《そ》めし草《くさ》の色《いろ》

と歌われる「婦人従軍歌」が、日清戦争という時代を反映して、小中学校に限らず一般の人びとにも流行した時代であった。一葉はこの年の末に「大つごもり」を書く。ときに二三歳、里きより七つ年下である。

明治二七年の里きの帰国のとき、彼女は一人ではなかった。娘モヨを連れての帰国であった。娘モヨは里きが渡米して、アメリカ人との間にできた子で、眼が青く誰の目にもそれとわかった。里きは再渡米を決意し、そのとき、村の青年たちを誘う。同行したのは、七人であり、中に、姉なをの長女もいた。残り六人の名前はわかっている者もあれば、わからない者もある。七人の渡航費すべてを里きが出したと伝えられているが、遥かアメリカまでの船賃だ。相当の額を必要としたのは想像に難くないが、里きが五年という短い期間に、どうしてそれだけの金を稼ぎ貯えることができたのか。このことも不思議の一つ。

さらに特筆すべきは、再渡米のとき、最愛の娘モヨを日本に残して行ったことである。それも片田の親類筋ではなく、横須賀の知人の家族に養育を頼むのである。アメリカより日本の方が外国人に対しては差別意識があった時代、なぜ他人に預けたのか。異国で人一倍働くためには、子どもは足手まといであったのか。これも謎である。モヨは久里浜の小学校へ入るが、今でいういじめにあい、途中で学校へは行かず裁縫を習う。

里きは娘モヨを久里浜の知人に預けたままで、生涯その顔を見ることはできなかった、というのが、今までの通説であったが、今回一般に公開された一九通の書簡によって、もう一度帰国し、モヨの元気な姿を見ているのがわかった。

一九通は一九三〇（昭和五）年から三九（昭和一四）年一二月一一日までに出されている。モヨの嫁ぎ先の足立家に保管されていた。その前後はない。また一九通すべてが里きの筆になったものではなく、共同生活者（夫とみなしてよいと思われる）宇都宮源吉が書いたものもある。むしろ源吉の筆のものが多い。しかし、末尾の署名は、「パパママより」などと書かれているのが殆んどである。これらがこの度、一冊の本

『故国遥かなり——
太平洋を渡った里き・源吉の手紙』

となって出版され、誰の目にもふれることができるようになった。題して、『故国遙かなり——太平洋を渡った里き・源吉の手紙』（ドメス出版）という。

これらの書簡の中で、里きは一八九八（明治三一）年に二度目の帰国をしているのがわかったのである。源吉は里きより一足早く日本に来ており、後を追っての帰国であった。二人は娘モヨの姿を見届けたあと、志摩片田に立寄り、これからの二人の関係を父雲鱗ほか身内に話し、了解をとりつけている。モヨが小学校一年生と記されているから、多分、明治三〇年か三一年であったろう。

里きが三度目の渡米をしたころの明治三〇年は、日本では尾崎紅葉が読売新聞に「金色夜叉」を連載し始め、島崎藤村が詩集『若菜集』を世に問うた年であった。またその年、羽仁《はに》もと子が報知新聞社の校正係として入社している。初の女性記者の誕生である。女性の社会的雇用がかなわなかった時代にあって、すばらしい出来事といえる。男女共同参画の萌芽であった。そして明治三一年には民法が改正されるが、女子の相続上の劣位は、戦後昭和二二年の全面改正までずっと続いた。一葉の小説は、改正以前の法典の時代に書かれていることに注目すべきであろう。

日本に残されている書簡は、里き、源吉のもの合わせて一九通だけであり、それも昭和の初め以降、僅か一〇年間だけである。再渡米から大正年間にかけて、里きはアメリカで何をしたのか。巷間さまざまに伝えられているが、それは伝聞に過ぎない。

帰りたい〳〵、生まれ故郷ニ帰りたい。しかしオメ〳〵と帰って行く気ニハなれないのであります。逢いたい見たいは山々なれど、得意な暁が来ない内ハ帰りたくない。夢は終始古郷をかけ廻るけど――

これは一九三一（昭和六）年一二月五日に書かれたもの。二人の心情が吐露されていて圧巻である。不況の真っ只中であった。

里きが初めて帰国した際、鞄の中にしのばせてきたものに木の苗があった。シマナンヨウスギとフェニックスである。シマナンヨウスギは志摩和具《わぐ》の叔父の家の庭に、そしてフェニックスは姉なをが嫁した片田の脇田家の庭にそれぞれ植えられた。ほかに一本あったらしいがそれは枯れていたといわれる。前者は、今も「おりきさんの松」として親しまれ、潮風を受けながら亭々と立つ。後者は大阪万博の跡地にできた万博記念公園に移植されて、国際親善の役を果たしている。

（女性が）職業を持つことが結婚の障碍になるというような苦情は、これからの若い婦人たちは味わないですむに違いない。それにつけても働きつつ愛し、結婚し、家庭をもち、子供を産み、育てあげて行くについて適切な、好ましい社会的施設の完備こそ急務中の急務であらねばならぬ。

今も亭々と立つ「おりきさんの松」（シマナンヨウスギ）。120年を経て、高さ約20メートルに達する大木に成長

この短文は、野上彌生子が戦後間もない一九四八（昭和二三）年三月、雑誌『婦人公論』の巻頭に「婦人と職業」という題で書いたものだ。あれから六〇年余りたつが、日本は女性作家が望んだ男女共同参画の社会になったであろうか。

その二年ののち、里きはサンタマリア市内で永眠した。八五歳であった。苦難の中で移民の窓を開き、男と同等の立場で働きに働いた一生であった。謎の多い女性ではあるが、三重県の近現代の女性史の一頁を飾るにふさわしい一人である。伊東里きは永遠に光輝く女性として尊い。

（二〇一二・三・二三『トリオ』13号　三重大学大学院人文社会学研究科）

地震、津波、そして原発

一　二〇一一・三・一一

岩波版『近代日本総合年表』第四版をひもとく。一八九六（明治二九）年の「社会」の欄をたどると、「六・一五・午後八時半、三陸地方に大津波、死者約二万二〇〇〇人、流失、破壊一万三九〇戸（津波による最大の被害）」と記述されたのを読むことができる。三陸沖地震である。マグニチュード7・6と記録され、史上最大といわれてきた。

二〇一一（平成二三）年三月一一日に起きた東日本大震災が、一一五年目にそれを書き換えた。テレビで観たあの荒れ狂う怒濤が地上のすべてを呑《の》み込んで行く光景は、今も鮮烈に甦《よみがえ》る。

一九四五（昭和二〇）年の敗戦からしばらくは、すべての日本人が貧苦にあえいだ。等しく欠乏の日々を送ったのであった。しかし、去年の大地震とそれに次ぐ大津波の後の、日本の北と南とでは、大きな落差があり、被災地の苦しみは、今も続いている。大津波に加え、福島原発の爆発によるセシウムの恐怖がある。原発の安全はたわごとであったことを、われわれは身をもって知ったのである。

　　ふくしまのもも、なし、りんご、ちさき実の
　　ひとつひとつが抱いている不安

「朝日歌壇」で採られた一首。夕張市から福島市に移り住んだ美原凍子さんの作である。大震災のあと、約三か月のちの六月二七日に掲載された。私はいつも、この人の生活詠に注目している。

　　三・一一大津波の中に町一つ
　　悲鳴聞えず呑まれゆきしか

短歌誌『覇王樹三重』の冒頭を飾った絶唱。多気郡明和町の歌人、明星《あけぼし》あさ子さんの一首である。

　　梅雨がくる日本列島雨が降る
　　セシウムの雨原発の雨

恩師山村ふささんの個人誌ともいうべき『反差別・平和』の終刊号（一一年七月刊）にある。「原発惨歌」と題された伊藤三男さんの連作の中で見つけた。短歌は、「梅雨がくる」「雨が降る」と

たたみかけ、雨、雨、雨と同じ字が続く。さりげない技巧がすばらしいし、胸に響くものがある。

伊藤三男さんは、戦後すぐの生まれ、長く県立高校で国語を担当し、今は私立高校に勤める。一〇〇首を一気に通読しながら、その措辞の巧みなこと、むべなるかな、と感動した。短歌集『原発惨歌』*は、「原発への怒りとともに、被害を受けた人々や現場で働く労働者と思いを共有し」、という、伊藤三男さんの歌人魂がどの歌からも読み取れたのである。

歌人伊藤さんは教師のかたわら、四日市再生「公害市民塾」の活動にも関わっている人である。その活動の中から、四日市公害を見つめなおす人である。だから、「野も山も海も汚染まみれとなった」と叫ばざるを得なかったのである。一〇〇首は、大震災のあと、三か月のとき詠まれた。そして今も東北の復興は遅々として進まない。

「思郷」と題する連作一八首の中から二首をとる。

陸奥《みちのく》のしのぶもじずり染めぬのに
故郷《さと》乱れしは人災がため

捨てられぬ。海山畑に生きてきた
我が生業《なりわい》の魂《たま》なればこそ

前者は『古今和歌集』にある、河原左大臣　源《みなもとのとおる》融のよく知られた歌「みちのくのしのぶもぢずり誰《たれ》ゆゑに　みだれそめにし我ならなくに」に似る。「しのぶもぢずり」というのは、奥州信《しの》夫郡《ぶぐん》に産する織物のことである。模様を摺《す》りつけて染めたので、「信夫摺り」と呼ばれた。

原子力発電所といえば、われわれの地域にそれがないことのすばらしさを思う。芦浜への立地を拒んだ地域の人びとの血を吐くような反対運動は、三〇年続いた。時の北川三重県知事の英断によって中止。立地断念のニュースが流れたのは、二〇〇〇（平成一二）年二月二二日であった。

しかし、候補地のすべては今も電力会社の所有である。さらに見落としてならないのは、三重県において芦浜は、一、二を競うすばらしい自然景観を誇る場所であるのに、「伊勢志摩」「吉野熊野」のどちらの国立公園からもはずれている、ということである。

おだやかに藍をたたへし熊野灘
原発こばむ声ひそませて

平賀久郎さんの一首である。平賀さんは漁協合併前の南島町方座浦《ほうざうら》漁協長として、熊野灘の漁業の振興に献身し、芦浜原発反対運動の先頭に立った人であった。短歌をよくし、歌歴は長い。この一首において平賀久郎さんは永遠である。

＊『原発惨歌』は、二〇一二・七・二五出版の『時代を聞く』（せりか書房）の中の一章として収録された。

二　岩手からの便り

先般は珍しい果物やおいしいかつお節を頂きありがとうございました。美味しく頂戴いたしました。私も九二歳となりましたけれど、おかげさまで元気でおります。足が弱くなりましたが丈夫でおります。昨年所属している短歌誌『歩道』で歩道賞をいただきました。津波という題で三〇首でした。住んでいた浜は土台のみで夏草が茂っています。いつどこへ家を建てるやらまだ未定です。

今年（二〇一一）七月三日の消印のあるはがきの差出人は中村ときさん。岩手県山田町《やまだまち》に住む。岩手県下ではよく知られた歌人である。私が中村さんを訪ねたのは、一九九三年一一月一日であった。

三陸山田町船越で二十五年の歌歴をもつ中村ときさんに会ったのは、サケの豊漁にわく晩秋の日であった。教えられたところでバスを降りたら、そこに歌人が立っていた。ゆきとどいた人というのが初対面の感想であった。

中村ときさんが最初口に出したのが、私の町の人の名前であった。ずっと以前のことだが、カツオ一本釣漁の餌《えさ》にする生きイワシを買いつけに、船越田ノ浜に来ていたという。網元の家に泊ってイワシを買っていたというこの話は、遠来の客へのさりげないもてなしではなかったか。部屋の奥まで晩秋の陽射しがあった。

私の聞き書きの第三冊目『波の音、人の声――昭和を生きた女たち』（ドメス出版）の中にある、六章「海を詠む、海を描《か》く」の冒頭の部分を抄出した。

中村さんは一九七七（昭和五二）年に夫を亡くした。夫は遠洋漁業と定置網を営む旧家の主であった。その後も子どもたちの家業を手伝い、短歌に打ち込む。佐藤佐太郎を師とし、一九七〇（昭和四五）年に「歩道短歌会」に入会して現在に至っている。その間には、毎日歌壇賞を受けるなど、業績は大きい。『海の音』、『船の音』の二歌集をもつ。

船の音は、この浜で聞く音であり、遠洋漁業の出港の日の音であり、湾口に灯りが見え、やがて近づく船の音である、と歌人はいう。それは、「私の自分史のようなもの」と、歌集の「あとがき」で述べている。集中、二〇〇三（平成一五）年のところに、「大地震」と題する三首が並ぶ。その中の一首が次である。

津波なきをよろこびたれど大地震《なゐ》に
墓地こはれしを人ら言ひあふ

そして、二〇一一年三月一一日の大津波に遭《あ》う。中村さん一家は、長い歴史をしのばせる豪壮な家を失い、今も仮設住宅に住む。次は歩道賞受賞作の「津波」三〇首の中のもの。

逃げよ逃げよただ只管《ひたすら》に登りたり
津波来しとふ声に押されて

歌人は、ただひたすらに逃げた。連作の中でわかるが、今度の大津波で姉と甥を失っている。次の一首には歌人の慟哭《どうこく》を聴く思いがする。

ことごとく瓦礫《がれき》となりしわが浜に
春雪の降る視界なきまで

次は、最近寄せられた来翰《らいかん》の中にあった一首。卒寿を過ぎてこのうたごころ、みずみずしい詩心を持つ人であり、達観の人であるというべきか。

津波来し登れ登れの人の声

聞きつつ足の限界思ふ

はがきに書かれた珍しい果物というのは、素人の見よう見真似で栽培したしらぬいの実である。通称、でこぽんの名で親しまれているみかんだ。五年目にしてやっと収穫できた、と書き添えて送ったのであった。庭の隅の金柑の小粒の実も入れた。礼状の中に次の二首があった。

日に照りて金柑みのる君が庭
おだしき伊勢の海思ひをり
植ゑて五年初めて成りしぽんかんが
緑の葉つき送られて来ぬ

穏やかな（おだしき）伊勢の海へ馳せる思いがにじみ出ている。

三　一九九五・一・一七

戦争と大地震《なゐ》といま金雀枝と

この句は、岡井省二、一九九五（平成七）年の作。阪神淡路の大震災のときの句である。省二の読みはせいじであるが、大阪の門人たちは、しょうじといっている。南伊勢町泉《いずみ》の人。啓発小学校卒業の逸材である。鹿児島県立医学専門学校から大阪大学に転じて、医学を学ぶ。その間に病を得て、当時の五ヶ所浦にあった大安《だいあん》病院（現在の町立南伊勢病院の前身）に入院、療養中に山口誓子の句にひかれていく。大阪大学医学部を卒業したのは、二六歳のときであった。一九五一年である。早くも二八歳で守口市に岡井病院を開業している。

エニシダ（金雀枝）は五月に黄金色の花を葉腋《ようえき》につける。だからこの句の季は夏。神戸の大地震があって、しばらくしてのちの作であろう。あの戦争もあったし、二十《はたち》のとき、鹿児島で六月の空襲を体験した。それらに重ねての感慨であろうか。

岡井省二は、『明野』から始まって『大日』まで、一一の句集を残し二〇〇一年九月二三日逝去。晩年の句集の一つ『鯛の鯛』には、魚に材をとった句が続出し、読んでいて楽しい。必ずしもわかりやすい句柄とはいえないが、どこか捨てがたい味がある。

骨の数珠繰つてゐたりき鯔《いな》上る　『鯛の鯛』

地震《なゐ》あとの鯔は地軸に沿ひのぼる　『大日』

多くの句作の中から二句を採った。

いつの世も、怖いものの一番が地震である。気象情報は早くそして正確だ。台風の予想進路などほとんど狂わない。だが、地震は予知がむずかしい。だから昔から怖いものの第一位は地震と変わらない。

一九九五年一月一七日早暁に起こったのが阪神淡路大震災、マグニチュードは7・3であった。正しくは、平成七年兵庫県南部地震という。

神戸市を中心に大地震があったが、東日本大震災と違い、津波がなかった。原子力発電所爆発という大事故がなかった。それだけ復興も早かったのである。ひるがえって、二〇一一年三月以降は、絆、きずなのオンパレードであった。この言葉だけが独り歩きして、一年半たった現在、被災地へ手をさしのべる対策の何と遅々たることか。

（二〇一二・一〇『南伊勢文芸』第六集）

着実と敏速と

一

二〇一二年一一月四日のことである。いささか旧聞に属するが、私は岩手県山田町にお住まいの沼崎喜一さんに会った。あの大災害を被った町の町長として、一二年七月まで町の復興の陣頭指揮を取った人である。

三重県主催の津波防災シンポジウムが、南伊勢町五ヶ所浦の町民文化会館であり、「生かされて明日へ――東日本大震災から学んだこと」と題する講演のために来町されたときであった。開演直前のあわただしいときで立ち話であったが、私は一枚のはがきを見せた。山田町の女性からのもので、かつて山田町を訪ね、織笠《おりかさ》で出会った人の安否を問い合わせたことへの返事であった。

「私も織笠に住んでいますがこの人亡くなりました。あの津波で家も流されこの人もね」

沼崎さんは、言葉少なにひと言このように答えた。

私が漁村の女性から話を聞いて記録するという仕事を始めたのは、一九八九年、つまり元号が昭和から平成に変わったときからで、山田町の船越、織笠、大沢と歩いたのは、一九九三年の晩秋であった。織笠では夕暮れが迫っていた。訪ねた女性は、川サケ漁を見ませんか、と私を案内した。織笠川の川岸に立って、私は初めてサケの遡《そ》上《じょう》を目の当たりにした。

「織笠川はサケの川ですよ。びっしり入っていますね。あれ、見えるでしょう、サケ、サケ、サケですよ。産卵のためあがって来たんですね」

川原まで降りて行ってこのように語った。とっぷりと日は暮れていた。人工孵化のための採卵用のサケをとる網で曳くのを見てから、宮古ゆきの列車に乗るため、織笠駅まで送って貰った。小さい小暗い駅であった。そのときのことを、拙著『波の音、人の声――昭和を生きた女たち』（ドメス出版）の中から引く。

岩手県山田町織笠で会った蛇石八重子さん（左）。
東日本大震災の津波で亡くなった。
右はそのとき案内をして下さった同町船越の
歌人中村ときさん。1994 年秋に

列車に乗るため織笠駅へと急いだ。駅舎は知らない者には通り過ぎてしまうほどの、小さくうす暗い建物であった。

「この駅も今のうちに描いておきたいな、と思っているんです。小さいころからの思い出がいっぱい詰まった場所ですからね。兵隊さんを見送ったんですよ。この階段に立って兵隊さんが村の人たちに挨拶しましてね。たすきを肩にかけてね。帰って来なかった人も大勢いたんですよ。学校から日の丸の旗持ってここへ見送りに来ました。村の女の人もみな来ましたね。うちの母さんなんかも国防婦人会に入って、白いエプロンしてね。

釜石の学校へ行ったのもこの駅からですしね。青年団活動で町へ行くのにも、すべてここが出発点だったですね」

列車が近づいてくるのが、レールの響きでわかった。大漁を祈ってます、と挨拶した。

私はホームへの石段を駆けあがって、もう一度礼をいった。列車は闇を抜けて川を渡った。織笠川が白く光って見えた。

シンポジウムを終え、帰ってすぐ、書架からこの本を抜き出し、頁を開いた。あの人はもういない、波にさらわれ

津波ですっかりなくなった織笠駅

津波で姿を消した織笠の町並み、2012年冬

たまま、帰って来なかったのか、と、絵の上手であった女性をしのんだのである。配られた資料をもう一度見た。中に荒涼とした織笠駅周辺の写真があった。駅舎はすべて流失し、すぐ横に織笠川が大きく蛇行しているのが写されていた。

「とにかく逃げることです。高い所へ逃げること。最悪の場合を考えて行動することです。津波が来たら、何はさておいても、一人ひとりが自分で逃げることを考えることが大切です。私の町に船越という地区がありますが、ここの堤防は高さが六・六メートルあります。それだけの高さでも今回の津波に耐えられなかったのです。今ある施設を過信してはいけないのです」

沼崎さんの講演の一部である。高台に避難したが、忘れ物を取りに戻って犠牲になった人も大勢いた、とも話された。

一九四四（昭和一九）年一二月の東南海地震に

よる津波では、当時の北牟婁郡錦町《にしきちょう》（現在の度会郡大紀町錦）で、同じようなことがあった。戦争中のこととて、米を取りに戻って流された人が何人かいた。あれから優に六八年以上もたっているのだが、今まだ見つからぬ人がいる。

私も、六八年前の東南海地震を体験している。小学校（当時は国民学校）六年生であった。冬の日の午後、ぐらぐらっと大きな揺れが来た。全員がわれ先にと運動場へ出た。わら草履の者が早く、運動靴の何人かはひと足遅れた。運動場には中央に大きな亀裂があった。担任の教師は師範学校を出たての若い青年であったが、津波がくるかもわからん、高い所へ登ろう、と全員に声を掛け、先頭に立つと細い道を駆けあがった。三本松といわれる城跡で、私たちは津波を見た。目の前の葛島《かずらしま》が、潮が引いてぐんぐんすそひろがりに大きくなっていくのを見た。津波は引き潮のあとから来た。目の下にアジを釣る小舟があった。舟は波に押されて湾奥の方角に流れたかと思うと、帰る波とともに沖へ押し出された。そんなことを三度繰り返したと記憶する。五ヶ所湾では幾つかの湾奥の集落が波につかった。チリ地震津波もあった。だから津波は他人事《ひとごと》でないのである。

私の住む五ヶ所浦の中央に細い道が、坂道のまま保育園に通じている。保育園は地区の避難場所である。この道を拡幅して、一旦緩急の際のために備えよ、という声が住民から出てきた。今まで防災訓練に参加しなかった人たちが、東日本大震災ののち行事に加わるようになって、この道では駄目だと体感したのである。安全安心という暮らしを望むならば、行政と住民とが話しあい、結論を出すことで、それは実現される。金がないからではすまされない。着実にそして敏速にという姿勢を行政に求めなければならない。一本の道が、本当の地方自治の精神を育てることにつながる。

二

災害は地震津波だけではない。台風がある。熊野灘沿岸は台風銀座だといわれる。伊勢湾台風という有史以来初めてといってよい災害があった。近年では一一年九月三日から四日にかけての台風一二号が、熊野地方に大被害をもたらしたことは記憶に新しい。沖をゆく船舶の遭難も多い。一九三五（昭和一〇）年八月二九日、中国船華戎輪《かじゅりん》号が当時の宿田曾村《しゅくたそむら》の田曾三崎に座礁するという遭難事故があった。船は四二四九トンの貨物船で、横浜から上海へ帰る途中、台風に遭い、三つ島という岩礁に乗りあげた。村では半鐘を乱打し、人を集め、村民三〇〇人の敏速な救助活動で五四人の乗組員全員を助けた。当時の朝日新聞には、「嵐の中に宿田曾村民の活躍、美しい国際愛」という見出しが躍っている。

東日本大震災のとき、宿田曾地区の漁民は素早い行動をとった。遠洋漁業船員組合が中心となって、義援金と救援物資を集めた。一日で一〇万円の金円と保冷車一台分の衣料品などが集まった。それらは海を渡った。船は地元の巻き網船であった。船にはボートが積載されており、幸い三陸の漁師も乗っていた。途中、清水港で缶詰を積み足した。南伊勢町の漁民の真心はまず宮城県の鮎川《あゆかわ》で、そして、岩手の久慈の港で被災者の手に届いた。

敗戦後間もない一九四七（昭和二二）年九月一三日夜半に、この村で大火があり五六戸が全焼した。物資欠乏の時代いち早く救援の手をさしのべてくれたのが、気仙沼《けせんぬま》や女川《おながわ》といった三陸の漁港の人びとであった。村人たちはあのときの恩を忘れずにいたのである。

一九三五年の中国船員の救助といい、今回の大震災の被災地への見舞いといい、着実かつ敏速な行動があった。

二〇一一年三月一一日以降、「絆」という言葉がいつでもどこでも使われた。しかし、その言葉だけが一人歩きして、言うほどに実績はあがらないでいるのが現実である。被災地ではやってほしいと望むことに金は使われず、変な理屈をつけて、大震災とは直接には関係のないようなところに金は流れる。義援金の配分などでも何かもどかしい。空廻りの世の中である。

沼崎さんは講演の中で、復興には早くとも一〇年はかかるだろう、と言われた。気仙沼に住む私の友人からの手紙では、三〇年かかって元通りになるだろうかとあった。他所《よそ》へ去った人びとをどう呼び戻すのか。道は遠い。

東京にいる選良たちの何人が、今、東北の被災地の人びとに思いを馳せているだろうか。政争に明け暮れるだけの毎日で、そこには、スティデー（着実さ）もスピーディ（敏速さ）のひとかけらもない。そうこうしているうちに、あれから早くも二年になる。一部の政治家は、小異を捨てて何とやらなどとうそぶくが、被災地の人びとの暮らしを立て直すことが、小異であってはならない。われわれの声が小さすぎるのである。

（二〇一二・一二『地方自治みえ』三重県地方自治研究センター）

トコブシ

句碑を建てる

一　貴重な忘れられない出会い

南伊勢町相賀浦《おおかうら》の人たち一〇人ほどが、俳句の勉強会を始めたのは、ちょうど一〇年前である。第一回目の「相賀浦庭浜観月の夕べ」という行事のあと、すぐ話が出て、それならやろうと月一回の集まりを続けた。初めのうちは会の名もなかった。二、三回と続けるうち、誰言うとなく会の名前をつけようと決めたのが、「汀《みぎわ》」である。衆議一決、これに決まった。かつて相賀浦を訪れ、庭浜に立って遠洋漁船の出航の様子を見た女性俳人中村汀女の汀を、庭浜の波うちぎわに重ねての名前の誕生であった。切れ字も季題も知らない人たちの勉強会の出発であった。それでも一〇年間、一度も中止することなく続いた。

いつの間にか、一〇年続けたら、汀女の句碑を建てよう、これが会員一同の合言葉となった。そして、平成二六年、いよいよ一〇年目である。どうしよう、金もかかるし、こんな有名な俳人の句碑を建てられるやろか、といった一抹の不安も、みんなで力を合わせれば出来ないことはない、やろうやないか、ということになり、これが正月の句会の話題となった。

当たって砕けろ、と私が使者に立った。上京して関係者に会い、相賀浦の人たちの願いを伝える役を引き受けたのである。

中村汀女は高濱虚子に見出され、昭和時代に力量を発揮した。一九四七（昭和二二）年に俳誌『風花《かざはな》』を創刊し、主宰をした人であった。

ひょんなことで、私は創刊早々のころの、『風花』四冊（第二号、三号、四・五号合併号、七号）を手に入れることができた。まったくの偶然で、幸運なことであった。志摩の立神《たてがみ》へ調べものに行き、訪ねた先の八五、六歳と思われる女性から、四冊を貰うことができたのである。その人は一志《いちし》の山村、美杉の生まれ、若いときは郵便局員として働き、『風花』を毎号読んだ、と話した。縁あって立神の人と結婚した。先短い私、もう要らないから役立つなら持っていきなさい、差し上げます、と言って気前よく手渡してくれた。

当時の『風花』は、俳句だけでなく、一流の文人が原稿を寄せた。第二号には、表紙裏に、師の高濱虚子が五句を寄せているほか、佐藤春夫、水原秋櫻子、それに草野心平と、小説家俳人詩人の作品が並ぶ。ほかまだある。星の研究家として知られた野尻抱影のエッセイが末巻にすわっている。この人は誰あろう小説家大佛次郎の兄である。第三号では、室生犀星、堀口大学、第四・五号合併号では巻頭に柳田國男が「病める俳人への手紙」と題した、やや長いエッセイを掲げている。第七号の巻頭は、これまた塩谷贊《しおたにさん》の「杜甫」。この人は後年『幸田露伴』三巻の大著を、盲目のなかで書く。これこそ心眼というべきか。さらにもう一人が芭蕉の文献的研究においては、他の追随を許さないといわれた碩学《せきがく》の杉浦正一郎が、女流俳人論を寄せている。まさにきら星の如くといった執筆陣であった。表紙やカットは富本憲吉や恩地孝四郎等が担当。今考えると、贅沢限りない顔ぶれといえる。

あはれ子の夜寒の床の引けば寄る
ゆで玉子むけばかがやく花曇
とどまればあたりにふゆる蜻蛉かな
外にも出よ触るるばかりに春の月
曼珠沙華抱《だ》くほどとれど母恋し

昭和22年8月1日
発行の『風花』第2号

汀女句作六〇年間の作品、約五三〇〇句の中で、いつも口をついて出る句、五句を並べた。「引けば」「むけば」「とどまれば」など、「ば」の字が詠みこまれた句が、どういうわけか好きである。これらはどれもよく知られた句である。

没後すでに二六年、今『風花』の主宰者は長女の小川濤美子《なみこ》さんであり、それを補佐するのは濤美子さんの娘、晴子《はるこ》さん。関係者というのはこの人たちだ。何回かの来信ののち、私は二月二八日に東京の事務所を訪うた。生憎、母も子も忙しく、会員の一人が仲立ちをして話を聞いてくれることになった。私は相賀浦の人たちの仲立ちである。見知らぬ仲立ち同士が東京の雑踏の中で会った。それは貴重な忘れられない出会いとなった。

私は東京世田谷区のごみごみした街の喫茶店で、その人に会った。小田急線と京王井の頭線が交わる下北沢駅の近くであった。背筋の通った矍鑠《かくしゃく》とした紳士、私より少し年上と見受けられた。

所用の都合で、その日は川崎市内から多摩川を渡り、目的地をめざした。三軒茶屋で電車を降りた。交番の前からタクシーを拾った。

運転手に行き先を言う。

「番地がわかれば、今はカーナビをつけていますから、どんと目的地までご案内できるんですが」

運転手の問いかけに、私は手帳を開いて、行き先の番地を告げた。狭い道を走って、俳句の結社風花の事務所の前で降りることができた。その人はそこに立っていた。

「きょうは句会があったり、世田谷区の俳句大会の選句やらで、事務所の部屋がふさがっていましてね。近くの喫茶店でお話ししましょうか」

初対面の挨拶は、歩きながらの会話であった。

喫茶店の小さなテーブルに向き合って席を取り、名刺を交換した。紳士は外山高志《とやまたかし》さんといった。『風花』の事務所全般を任されている人ではないか、と勝手に思量し、すぐ要件を話した。

「私の町の五ヶ所湾口の漁村相賀浦へ、ちょうど五〇年前になるのですが、汀女さんが来られて俳句を詠まれました。『真珠の小箱』というテレビ番組の出演のためでした。五ヶ所湾を船で巡遊したのが一九六四（昭和三九）年早々の冬の日でした。一一句を詠んだのです。その中に、相賀浦の岸辺に立って詠んだ句があります。カツオ遠洋漁船が出航するのを見ての一句です。その句を石に彫って建てたいと皆で話し合っています」

このように来訪の趣旨を述べた。その一句は、

遠洋漁船行くは行かせて東風の浜

である。この句の句碑を建てたいのだ、ということを伝えた。

「句碑建立のことについては、私が仲立ちして、よい方向に持って行けるようにしましょう。ただ、私は『風花』の事務所に関係している者ではないんです。今の『風花』の主宰の小川濤美子先生が、あなたからの手紙を読まれて、私たち、親子とも忙しいので、川口

昭和 39 年早々の寒い日に
相賀浦庭浜近くに立つ中村汀女

さんに失礼があってはならないから、あなたが私の代理としてご意向をよく伺い、十分な対応をして欲しい、と依頼を受けましたのでね、それできょう、あなたとこうしてお会いしているわけです。あなたが話されたこと、濤美子先生の方へしっかり伝えますから、承諾して下さいますよ」

このように話される外山さんの一言ひとことを胸にたたんだ。そして、話はまとまるだろうとひそかに思った。私は上京し、お会いできてよかった、と自分の気持ちを述べた。出されたコーヒーを啜った。狭い喫茶店は賑わっていた。

「私の祖父は正一《まさかず》と言いましてね。ご存知ありませんか、明治の初めの新体詩の、あの外山正一ですよ」

この語りかけが、あまりにも突然であったので、ああ、と小さな声を出しただけで、頷《うなず》くようにして、外山さんの顔を見ていた。

「新体詩ですよ、あの新体詩ですよ」

勢い込むような口調で、外山さんは繰り返す。

「明治早々のたしか一〇年代ですよね。坪内逍遥の『小説神髄』が発表されるちょっと前だったかな。そんなことを大学で稲垣達郎先生から教わりました。帰って、『明治文学全集』から探して読んでみます」

乏しい知識と微《かす》かな記憶の中でのやっとの対応であった。

「近くに汀女さんの句碑があります。これからの参考になると思います。見て帰りませんか。よければ案内しますよ」

『風花』の事務所の庭にでもあると思ったのは間違いで、外山さんは小田急線の世田谷代田から一つ目の駅の近くだ、と言われ、すぐですよ、と私を促した。工事中の駅の階段を降りてホームに立つ。梅ヶ丘という駅を出て、少し歩いた。梅林の公園があり、奥の方に見事な句碑があった。折しも満開の梅の花の横で、黒々とした大きな石が位置を占めていた。

句は、

外にも出よ
ふるるばかりに
春の月

とよく知られた一句が、三行に彫られている。梅ヶ丘の句碑は「触るる」ではなく、平仮名で書かれており、名前の「汀女」は、碑面の右隅にあった。

梅が香のあふるるばかり汀女句碑

こんな腰折れを紙切れに書いて、外山さんに見せた。それを、さよならの挨拶代わりとした。

ちなみに、夏目漱石の「坊つちやん」が俳誌『ホトトギス』に掲載されたのは、明治三九年四月であった。作中初めの方に、次のような箇所がある。

——学問は生来どれもこれも好きでない。ことに語学とか文学とか云うものは真平御免だ。新体詩などと来ては二十行あるうちで一行も分らない。——

「坊つちやん」の主人公は、このようにうそぶきながら、四国松山へ西下する。主人公は東京の物理学校を出て、数学の教師として松山の中学校へ行くのである。いわば、理系の人だ。新体詩などには興味がなかったのだろう。

俳誌『ホトトギス』は明治三〇（一八九七）年に松山市で創刊された。誌名は、正岡子規の「子規」にちなんでつけた。子規はホトトギスのことである。翌三一年に東京に移り、高濱虚子が発行人となった。現在も続いている。

中村汀女が『ホトトギス』に初投句して、四句入選するのは、大正八（一九一九）年のことであった。虚子の門下からは数えきれぬ俳人が出たが、汀女は昭和時代に成熟し、男子を凌ぐものがあった。星野立子、橋本多佳子、三橋鷹女とともに、「四T《よんティ》」*の一人と称されたのである。

＊　これは、虚子門の水原秋櫻子、高野素十《すじゅう》、阿波野青畝《せいほ》、山口誓子四人を、イニシャルのSから四Sといったのに対応した呼称である。

二　新体詩の誕生

明治時代の文学改良運動は一応「小説神髄」からということになっているけれども、――中略――その前に新体詩のほうからはじまるんじゃないのですか。これは明治時代人としては当然なんですね。

これは、明治文学の研究に前人未到の業績を残した人、勝本清一郎の言葉[※1]である。また、北原白秋は、その著『明治大正詩史概説[※2]』の初めのところ、「新体詩生る」の章で、次のように記述する。

右三人の如上の提唱に因つて、その合著『新体詩抄』が世に謂ふ新体詩なるものの発生第一声を挙げた。明治一五年の七月であつた。

ここに言う三人とは、井上哲次郎《いのうえてつじろう》（哲学者）、矢田部良吉《やたべりょうきち》（植物学者）、外山正一《とやままさかず》（社会学者)、である。近代日本文学の扉を開けた人たちである。合著『新体詩抄』を世に出すに当たり、三人はそれぞれ自分の考えを述べている。白秋はそれを提唱という言葉で捉え、外山正一については、次の部分を抄録した。

人の鳴らんとする時は、しやれた雅言や唐国の、四角四面の字を以て詩文の才を表はすも、我等が組に至りては、新古雅俗の区別なく、和漢西洋ごちやまぜて、人に分るが専一と、人に分ると自分極め、易く書くのが一ツの能。

これに先行する何行かが、外山正一の面目躍如たる部分である。すなわち、

新体と名こそ新に聞ゆれど、
やはり古体の大佛の法螺、
法螺と知りつゝ古を、我よりなさん下心、笑止とこそは云ふべけれ、法螺は我より始まれる、ものにあらぬはまだしもぞ人のなさざることとては、假令へ法螺でもなきぞかし、唯々人に異なるは

これが白秋が抄った部分、つまり、「人の鳴らんとする時は、――」へ繋がっていくのである。

明治一五年には、矢田部、外山の二人は競うようにして、シェイクスピアの「ハムレットの独白」を訳している。第三幕にあるよく知られた部分である。しかし、詩文に関しては、二人とも素人であるといえた。訳した一枚の原稿を矢田部は井上に見せ、一日遅れて外山が同じ部分を訳したのを井上に見せた。[※3] 矢田部は「シェークスピール」といい、外山は「シェーキスピール」と記している。

訳文を比べると次のようになる。外山は、

死ぬるが増か生くるが増か
思案をするはここぞかし

矢田部は次のように訳した。

ながらふべきか但し又
ながらふべきに非るか
爰が思案のしどころぞ

七五調である。それが西洋の作品であったから、明治の初めの人たちに新鮮に感じられ、「新体の詩」ということになったわけで、「新体詩」は、三人の中の井上哲次郎が名づけた名称である。

ちなみに、一九六七年五月に刊行された、筑摩版『シェイクスピア全集』の中の、三神勲訳のその部分は、

　生きる、死ぬ、それが問題だ。

と至って簡潔だ。

前述の通り、『新体詩抄』は当時の東京帝国大学の三教授による共著である。しかし、三人とも、もともとは文学者ではなかった。井上哲次郎は哲学者であり、矢田部良吉は植物学者であった。外山正一は初めは化学や英語を教え、そのあとはもっぱら社会学の大成に尽くした人である。これら異なる分野の人たちが、明治の日本に新しい文芸を構築する礎《いしずえ》を築いた。

「新体詩」は「明治」という新しい日本の幕開けの、最初の文学革命といってよい。文芸の中の「詩」の分野でのさきがけであった。この画期的な出現が、訳詩一四編、創作五編を収録して一冊となった『新体詩抄』であるといえる。

明治三〇（一八九七）年に島崎藤村が、「まだあげ初めし前髪の　林檎のもとに見えしとき」、

で始まる「初恋」を巻頭に置いた詩集『若菜集』を引っ提げて、華々しく明治詩壇に登場する。これが、日本の近代詩の始まりとすれば、『新体詩抄』出版から、優に一五年の年月を閲《けみ》していることになるのである。

近代詩誕生までの約一五年間の試行錯誤の第一弾が、『新体詩抄』であったといっても過言ではないだろう。

※1 『座談会明治文学史』の四〇頁の発言から引用。一九六一年六月刊 岩波書店
※2 『白秋全集』21「詩文評論」の二〇頁から。一九八六年五月刊 岩波書店
※3 伊藤整著『日本文壇史』第一巻一七五頁参照。一九六一年四月刊 講談社

三 外山正一あれこれ

外山正一は、嘉永元年九月二七日に生まれ、明治三三年三月八日に没した。一八四八年から一九〇〇年まで。近代日本の黎明を告げる一九世紀、その後半を存分に生きた人である。東京小石川に生まれ、幼名は捨八である。丶山と号した。「ちゅざん」と読む。「丶《ちゅ》」は外山の外の「丶」であり、一部の辞書には、「小さなもの、注目すべき一点を示す」、と説明されている。

東京帝国大学（以下東大と略す）の前身である開成所に学び、また米国ミシガン大学に留学した。教育、宗教、政治、文芸、美術、演劇、法制、理学など、すべての分野にわたって明治啓蒙

期の学者として、幅広く活動した人、といえるだろう。

東大の文学部長、のち、同大総長の要職につく。明治三〇年五〇歳のときである。教育行政上の手腕はすばらしく、翌三一年四月には、西園寺公望《さいおんじきんもち》の後任として文部大臣となった。第三次伊藤内閣のときである。しかし、二か月後の六月には、内閣総辞職となったため、就任期間は僅か二か月だけであった。わが国の社会学の開拓者としての業績も大きい。だが何はさておいても、外山正一の名を不朽のものにしたのは、『新体詩抄』の刊行であった。それは、近代日本文学における嚆矢《こうし》として永遠である。坪内逍遥は『小説神髄』を明治一八年に発表したが、それより三年早い。画期的な新しい文学の誕生であった。

先述したシェイクスピアの訳文のほか多方面での活躍がある。年次を追って四つだけをあげることとする。

「漢字を廃し英語を」ととなえ、「羅馬字会《ローマじかい》」を創立したのが、一八八五（明治一八）年一月であり、それは九二（明治二五）年まで続いた。最盛期には一万人の会員を擁したといわれる。ローマ字採用論者であった。

演劇改良へも力を注いだ。「演劇改良論私考」の発表は、翌八六（明治一九）年のことである。同じ年に、伊沢修二《いさわしゅうじ》らと、音楽学校設立についての建議書を、文相森有礼《もりありのり》に提出している。

外山は七〇（明治三）年、二三歳のとき新政府の外務省から、外交の職務を行う官吏である弁務官に任命され渡米したが、奇しくもそれは、森有礼に随行してのことであった。八七年には、矢田部良吉らと伊沢修二を会長に、唱歌改良会を設立した。明治二〇年のことである。伊沢修二は明治時代、音楽教育に貢献した人として忘れてはならない人物。外山正一より三歳下であった。日本の初等音楽教育の最初の教科書ともいうべき『小学唱歌集』初編は、伊沢修二が中心となって編さんされ、『新体詩抄』の刊行に先立つこと一年、明治一四年に世に出たのであった。このあと明治二一年に出た『明治唱歌（一）』の中には、外山正一が作詩し、伊沢修二が作曲した「来たれや　来たれ」が入っている。

ほかに外山正一は一八九〇（明治二三）年四月二七日には、明治美術会第二回大会で、「日本絵画の未来」と題して講演した。このように行くところ可ならざるはなし、いわば万能の人であったといえる。

明治 31（1898）年、文部大臣のころの外山正一（51 歳）
外山高志さん提供

「うちのじいさんは、勝海舟の言葉によると、外山正一は学者としてはとにかくやり手だ。幼少の頃からなかなか賢く、見所があったから、抜擢《ばってき》して外国へ出して勉強させた。アメリカに長くいて学問しただけあって、外観にとらわれるような無益なことはしない。あれだけの地位にいるのに、生活は質素である。こんなことを海舟の自伝の『氷川清話』の中で言っています。

日記を読みますとね、不思議に三重県によく行っているんですよ。三重県は位置からすれば、日本の中心だ、と言っていたようです。これからの日本の高等教育は東京に集中するのではなく、地方においてさかんにならなければいけない、このような考えでいたんですね」

これは、後日、孫に当たる外山高志さんから聴いた話である。

外山高志さんから、二〇一四年五月五日の日付がある書面が送られてきた。祖父は日記をつけていた、と書かれていた。続いて、それは東大図書館に寄贈して、今は手元にはないが、同大の図書館司書が、東大出版会のPR誌『UP』に連載で解説しており、その中に、三重県に関連した記述があるので、コピーを同封する。何か参考になればと思い、といった意味の文面であった。

三重県鳥羽市にある門野記念館の門野幾之進の妻駿は、祖父正一の姪（父のいとこ）であり、私も父から聞き親しんでおりました。この二つのことからも、三重とのご縁が深いことを感じております。

最後はこのように書かれている手紙である。「この二つ」というのは、日記に出てくる日付、つまり、明治三一年八月五日、翌三二年一月二六日、四月一日、二日の箇所に、三重県ゆかりの人名や地名が出てくることと、鳥羽市にゆかりの人と身内との縁のことを指す。

コピーを見て、私は釘づけになった。明治三一年八月五日のところ、コピーでは第一枚目の最後に、漢字だけの一行があった。

来訪、午後三重県度会郡穂原村清輝尋常小学校長富田悦三氏来訪、

とあるではないか。私は次の箇所を読みたい、と思った。外山高志さんに次の頁一枚分のコピーを送ってほしいとお願いした。

時を措かず外山さんから、コピーの続きが届いた。添えられた手紙には、「何か富田氏のお越し頂いた目的が判ればと思っておりましたが、残念ながら調べることが出来ませんでした」、と書かれてあった。

日記の続きは、次のように書かれている。

其眼ハ「トラホーム」然タリ、又徳川尚武君忌明礼ノ為来訪、

これだけで、次は、六日がなく七日の記述になっていた。

トラホームは今はトラコーマという。流行性の結膜炎のことである。富田校長は眼を赤くして上京したのだろうか。当時は非常に流行した眼病で恐れられた。今のように抗生物質の薬がなかったから、治すのに苦労しただろう。すでに東海道本線は急行列車も走っていたが長旅のため、汽車の煙で眼を悪くしたのかも知れない。

富田校長の上京の目的は何であったのか。穂原村清輝尋常小学校は明治三五年五月に穂原小学校と校名が変わる。富田悦三が清輝尋常小学校の校長であったのは、明治二九年一月から三二年一二月までである。校名を変えるのは、もう少しあとのことであり、上京の目的は他にあったのだろう。

当時の「学校沿革誌」に何か記録がないか、私はそれを見たいと思った。

二〇一四年四月一日、穂原清輝尋常小学校の後身である穂原小学校は、五ヶ所湾内にある他の三小学校と合併して、南勢小学校となった。新緑のある日、学校を訪ね、穂原小学校の沿革誌の閲覧を乞い、古い綴りを繰ったが、該当の年には、在学児童数が記されているだけで、他の記述はいっさいなかった。富田校長がわざわざ上京し、外山正一に面会を求めるには、何か目的があったと考えられるが、一一六年も以前のことであり、わからないと言うよりほかない。*

トラホームのことについて、森鷗外が大正元（一九一二）年一二月発行の『戦友』という雑誌に、啓蒙の論考を書いている。鷗外は小説家であるとともに、当時の陸軍軍医として、数々の業績を残した。トラホームの予防などを一般向けに簡潔に記述し、情報を提供している。

トラホームはコレラや腸チフスのように、すぐに生命をそこなう病気ではないが、「学生は中途にして其の業を廃し、国家社会の受くる損失却って他の伝染病より甚だし」と論述している。「本病は一般に夏季に至りて再発するの恐れある―以下略―」、という一文で終わる。鷗外は、進歩して止まない世界の医学情報を、いち早く日本人に紹介したすぐれた医学ジャーナリストでもあった。

鷗外は明治二五（一八九二）年、三一歳のとき、慶應義塾大学に迎えられて、美学を講じた。それは九州小倉へ赴任する三二年六月まで続いた。同じ時、門野幾之進が同僚として義塾にいた。二人が並んで椅子に腰掛けて、他の教員たちといっしょに撮った写真が、「ボーイ教師といわれた鳥羽の賢人――門野幾之進物語」の中で使われている。

前述した外山正一が明治二三年四月に小石川植物園の会議室で、「日本絵画の未来」と題して行った講演記録（「東京新報」という新聞に掲載された）に対して、鷗外は、「外山正一氏の画論を駁す」と題して応じている。これは、慶應義塾の講師となる二年前のことである。

『澀江抽齋』は鷗外の著名な史伝の一つである。本書の終わり近く、「その百三」の中に、外山正一の名が出て来る。しかし、ここでは、「外山正《とやましょう》一」と書かれている。続いて「その百四」には、慶應義塾のことが記述されていて、塾頭は福沢諭吉、教師の中には、門野幾之進ほか何人かがいたのを、読むことができる。

外山正一の日記の明治三二年一月二六日の記述には、午前八時に、三重県師範学校長の豊岡俊一郎という人が来訪し、四月二日、三日両日に開催される三重県教育会へ出席してほしい旨の依頼があった、とある。

この約束は果たされた。外山正一は四月一日、六時二〇分発の汽車で津に向かった。名古屋まで菊池大麓《だいろく》がいっしょであった。菊池は外山より七歳下である。外山の後を襲い、東大総長、文部大臣などを歴任した。数学者で近代数学の紹介に尽くした人として知られる。夜の市内の料亭での懇親会では、当時の第一中学校（現在の津高校）の教諭であった、鹿子木《かのこぎ》孟郎《たけしろう》が面会している。鹿子木二五歳のときである。のち、孟郎は、洋画家として名を成す。不倒と号した。

外山高志さんからの来翰のもう一つの、三重県との縁というのは、鳥羽が生んだ逸材、門野幾之進の妻駿が外山正一の姪である、ということだ。前述の通り高志さんの父親とはいとこである。

門野幾之進は安政三年つまり一八五六年に鳥羽で生まれた。先見の明のあった父の勧めで、一三歳で上京、慶應義塾に入学した。明治二年のことである。笈を負うて、という言葉があるが、まさにこの人にふさわしい。

幾之進が福沢諭吉から受けた影響は大きく、義塾では教師として諭吉の志を継ぎ力を尽くした。その頃の義塾の教員には、森鷗外がいたことは前述した通りである。幾之進はのち、実業界に出て、千代田生命保険相互会社を創立した。一九〇四（明治三七）年のことである。渡辺望の娘駿が幾之進へ嫁したのは、明治二二年、幾之進三三歳のときであった。二人は八人の子どもを授かっている。

鳥羽駅から歩いて五分ほどの所の生家跡に門野幾之進記念館がある。こじんまりとした資料館だ。前述の「門野幾之進物語」という小冊子を受付で貰った。上手に編集されていて、旅の栞としても捨てがたいものである。

＊　富田悦三は僻地教育に力を尽くし、「子守り教育」を実践した教育者である。一九六九（昭和四四）年三月三一日発行の愛知県立大学『児童教育学科論集』第二号の田中勝文による「愛知の子守教育」という論考に、そのことが記述されている。関係部分を抄出する。
「愛知県における子守教育の実践としては、残存する資料によると二人の記録を確認することができる。熊木直太郎のそれと渥美郡大草学校における富田悦三の実践がそれである」

　続いて年表があり、終わりあたりに、「明治二四年一二月一日　富田悦三により渥美郡大草学校で子守教育開始」の一行がある。大草というのは、元赤羽根町内、現在は田原市大草町。富田悦三が志したのは「子守学校」の開設であったのだろう。

　当時の三重県度会郡穂原村は農業主体の寒村であり、子守をしながら学校へ来る子女は多数あったと思われる。子守学校については、『広辞苑』では、「教室で子守をしながら授業を受ける学級または学校」と説明されている。

（この補注は、鈴鹿市にお住まいの歌人橋本俊明さんから資料を提供され、それによってまとめた）

四　句碑が建った

とつおいつするうちに、小川濤美子さんから手紙が届いた。「汀」の世話人の村田《むらた》春喜《しゅんき》さんあての達筆の封書である。

先般より度々のお知らせ有難う存じます。はるか前になりますが、どこかの社の企画で御地を母と訪ねた記憶が今も忘れません。この度句碑を建てて下さいます由、私は喜んでお願い致したく思います。―以下略―

手紙の冒頭はこのような文面であった。

幸いなことに、町長の英断で、町の後援が決まり、相賀浦区全体の事業となった。しかし、金が要る。先立つものは金のたとえ通り、資金をどうしようと、鳩首対策を練った。拾ってくれる神がいた。相賀浦の出身者で東京で成功して、大きく事業を伸ばしている人が、助けの神になってくれた。でもその人の厚情ばかりでは申し訳ないから、皆で募金をしようと決めた。地区の人びとに建立の趣意書を配ったところ、相賀浦の大勢の人が思い思いに金を持ってきてくれた。追っかけるように、濤美子さん直筆の、汀女の句の色紙が届いた。

遠洋漁船
行くは
行かせて
東風の浜

と四行に書かれた色紙であった。

字を彫る石が選ばれた。褐色《かちいろ》の根府川石に似た、四行に納まる恰好の石を得た。除幕式は、十三夜にあわせて、一〇月六日にしたかったが、これはやはり日曜日がいいだろうということになり、一〇月五日午後二時半からと早々に決まった。

「小川先生は何分にもご高齢ですのでね、八月の段階ではお約束できないらしいですが、私は一人でも出席しますよ」

仲立ちして下さった外山さんの声が、電話の向こうで聞えた。しばらく日を措いてから、「先生たちお二人もぜひ伺いたいと申しましてね、三人でまいります」、と連絡があった。

「それは、それは。ありがたいことです」

私の返事は小躍りしていた。

好事魔多し、というが、一〇月に入って、一八号台風の発生と予測進路が、テレビの画像に出るようになった。日が重なるにつれ、五日は大雨になるらしい、と気象情報を伝える人の声が憎たらしく聞える。台風の中心はまだ四国沖でも、その北に秋雨前線が伸びて大雨になるのだ、とテレビは伝えた。

東京からの三人は予定どおり、四日の夕方宿に到着した。三人三様、あしたのお天気がね、と次の旅のことも気になるらしい。宿の待合室で三日の朝日新聞の朝刊に出た、こんどの句碑建立の記事を見せた。

五日は朝から雲行きが悪かった。外での除幕式は断念し、募集した俳句の表彰式の前に、桂雲寺の本堂で来賓の挨拶を貰うだけに変更した。

台風が近づいて、交通機関が止まって足止めになってはいけないので、朝から句碑を見せて貰って、その足で帰りたい、と外山さんが二人の意向を電話で話される。その方が安心ですよ、と答えて、迎えの車を用意した。退却も勇気だ、と自分自身に言い聞かせる。

句碑は雨の中で東京からの人たちを迎えた。

「いいですね」

「すばらしいじゃない」

母と娘の言葉である。句碑は高いユーカリの木の下に建った。

外山さんもいっしょに立って、句碑の横の説明文を彫った碑をみつめている。

「文章は川口さんですか」

晴子さんがこう訊く。

「字は違うんですけどね」

私の冗談口に皆が笑った。雨の中で句碑の横に立つ人たちの写真を撮った。遠来の客は一〇時半に相賀浦を発った。

除幕式に幕は引けず、町長と県議だけの挨拶だけで終わった。五ヶ所コーラスの二五人の歌声が行事を華やかにしてくれた。海の歌九曲が次々と歌われ、澄んだ声が大きな本堂に響いた。「うみ」「海」「われは海の子」の三曲がまず初めに続けて歌われた。あと、「海のマーチ」「砂山」「斎太郎節」「波浮の港」「五ヶ所湾小唄」そして「浜辺の歌」で終わった。「五ヶ所湾小唄」は野口雨情が作詩した一七節からなる民謡である。その中から三節だけを選んで歌われた。「浜辺の歌」が終わるや、アンコールの拍手が鳴り止まない。一休止して、それでは「故郷《ふるさと》」を歌いますから、

相賀浦に建った汀女句碑をはさんで立つ小川濤美子さん（右）と晴子さん。2014 年 10 月 5 日除幕式の日の朝

みなさんもいっしょに歌って下さい、と指揮棒を振る上村楠佳《かみむらくすよし》さんのリードで、約三〇分間は楽しく過ぎた。

そのあと、私は小川濤美子さんが名刺の裏に書いていった挨拶文を読みあげ披露した。

雨は止まずしきりに降り続いた。催しは俳句入選の披露と続いて、予定の時刻、六時かっきりに終了した。出席者に祝いの餅が配られた。三斗の餅を搗《つ》いたという。

「天気が良かったら、堤防から盛大に餅撒きをしたかったんですけど、生憎のこんな天気で、餅配りになってしまいました」

餅を配るとき、村田春喜さんは出席者の人びとの前で、このように挨拶して、すべてが終わった。

「一〇年前の第一回が雨で、一〇回目もまた雨や」

区長の河口敬《かわぐちけい》さんが、桂雲寺の山門の下で私に言う。

「雨降って地固まるというで、句碑もしっかり落ち着くやろ」

お互い旧知の間柄だ。言葉は簡単であった。

雨音が私の呟くような相槌を打ち消した。風が吹いた。斜めに降る雨が、山門の明かりに光っては消えた。


（二〇一四・一〇・一『南伊勢文芸』第八集）

第三章　漁村に暮らす

—ＮＨＫラジオ深夜便「日本列島暮らしの便り」—

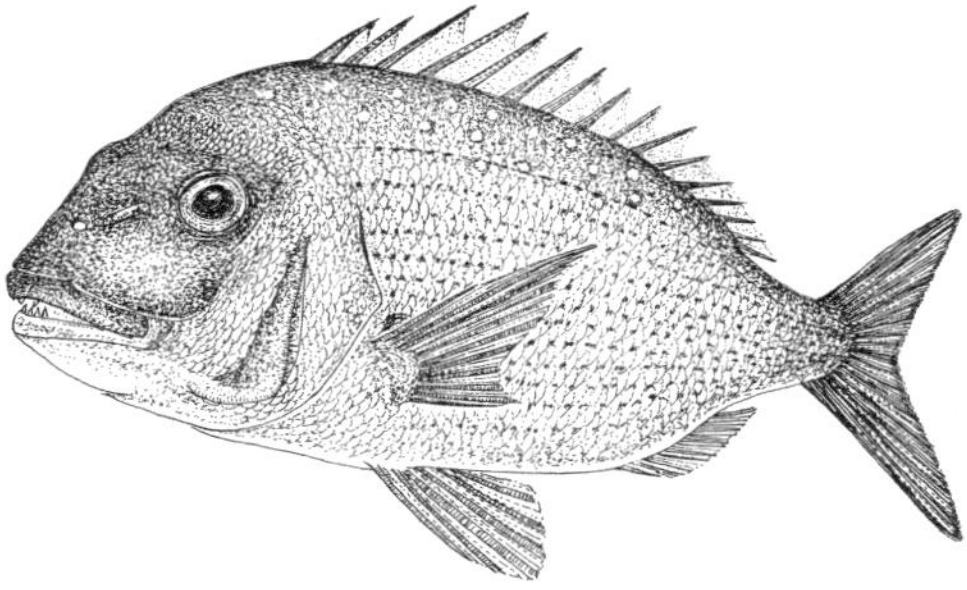

マダイ

毎日、夜遅く放送される「ラジオ深夜便」は、NHKラジオの人気番組である。

私は二〇〇九年四月から二年間、番組の冒頭の「日本列島暮らしの便り」の話題提供者として、五週目に一回という割で、年一〇回電話での出演をした。電話といっても当日の生放送である。時間は六分ぐらいである。盛り沢山の放送内容の中では決して短い時間とは言えないだろう。

その日の話題を一つか二つに絞って短くまとめ、毎回、前もって放送局の担当者へ送った。それが本稿である。「暮らしの便り」であるから、手紙を出す気持ちで、その都度、話題を探して送ったのである。火曜日の夜、アナウンサーは私の便りを見ながら、マイクロホンを通して、私の耳に話しかけそれに私が応じて約六分が終わる。これが二年間続いたわけである。アナウンサーとの話の掛け合いであるから、この便りをそのまま読んだわけではない。テレビではないから顔は映らないとはいうものの、正確に伝えることのむつかしさは、ラジオも変わらないことをつくづく感じた。

二〇回のうち、一回だけ予定した便りが放送されなかった。七回目の二〇〇九年一一月一七日の分である。一一月一〇日に亡くなった森繁久弥氏の追悼の特別番組が急遽編成され、放送された。そんなわけでくらしの便りの話題は休みになる、と放送局から連絡があった。

「急なことで申し訳ないです。せっかくお便りも戴いていますのに」

ディレクターの連絡に、私は答えた。

「あの人は中退していますけど、私と大学の学部も同じ、大先輩ですからね。楽しい番組になるでしょう。すばらしい話術に耳を傾けます」

七回目の放送の機会は逃したが、便りはたしかに放送局のデスクには届いていたのである。

私の最終回は、二〇一一年三月八日の深夜であった。東日本大震災に襲われるのは、三日ののちである。あの日、二時間ほど遅れて、熊野灘にも津波が来た。四時二五分であっただろう。津波はハマジンチョウの咲く獅子島のまわりでゆるく渦を巻きあげた。しかし、幸いにもそれきりで、波は静かに沖へ去って行った。私は庭に立って渦を見、それを一九四四年一二月にあった東南海地震による津波の記憶に重ね合わせていた。

一　タイとサクラと（二〇〇九・四・一四）

今年のサクラは早く咲き終わると思っていたところ、四月に入ってから、寒い日があり、開花が足踏みし、四月上旬が満開という所がほとんどでした。昔から、サクラの名所といわれている、伊勢神宮域の北側を流れる宮川の右岸のサクラ堤も、四月五日ぐらいから、大勢の人出で賑わいました。花の便りは遅速まちまちで、東京あたりの方が一足早かったようです。

熊野灘の各浦々では、入り組んだ地形を利用して、マダイの養殖がさかんです。マダイはサクラの咲く頃がいちばんおいしいといわれ、「桜鯛」と名がついて珍重されます。

最近の養殖ダイは、養殖技術が進み味が良くなり、身近な魚として、私たちの食卓にのるようになりました。ご多分にもれず、養殖マダイも浜値がいまいち振るわず、キロ当たり六〇〇円内外と低迷しています。養殖を始めたころが、二〇〇〇円内外であったのに比べますと、いかに安くなったのかがわかります。

以前から銘柄品として知られる尾鷲市の須賀利《すがり》や五ヶ所湾のものが、やっと七〇〇円ぐらいです。五ヶ所湾では、湾内の釣り筏《いかだ》へ出荷されることもあって、持ち堪《こた》えているといってよいでしょう。

マダイの養殖は人工的に卵を採って、孵化《ふか》させて、稚魚を育てていくのですが、春が産卵のときです。六センチから八センチぐらいにまで育てて、養殖用の種苗《しゅびょう》とします。マダイの稚魚は、二か月ぐらいで出荷サイズになり、これが六センチ、つまり、一日約一ミリ成長するといえます。一センチ一〇円が相場、一尾六〇円ぐらいでしょうか。しかし、養殖する漁師さんが減ってきていますので、稚魚の需要も低下しています。

マダイはおいしいといわれますが、何はともあれ、母なる海が汚れていてはいけない、ということに尽きます。刺身として食べるということからも、海の水がきれいというのが基本です。漁場の安全が消費者の安心につながるのです。環境が資源だ、ということです。

タイは刺身のほか、焼いてよし、鍋によし、粕漬けもおいしいと、万能選手ですが、頭や中骨などつまりアラを、醬油と砂糖、それに酒をたっぷり加えた煮汁で煮たアラ煮は、また格別です。鍋の底にゴボウを敷けば、香りもいいし、ゴボウもまたおいしい。

アラ煮の中では、胸びれの部分の三角な形をした所が、ねらい所、やさしく箸を使って身をほぐしたあとに、骨が残ります。ここからタイの形に似た骨が出てきます。「鯛の鯛」です。骨にはちゃんと眼の形をした所もあります。胸びれは左右ありますから、一対出てくることになります。

花まっさかり一対の鯛の鯛

関西で活躍した俳人岡井省二《せいじ》さんの作。私の町、三重県南伊勢町の出身です。内科医でした。おいしいのは胸びれだけではありません。眼の部分、ゼラチン質の眼肉は、体によいといわれます。この眼玉のあたりをしゃぶるのも一興です。

春の闇鯛の目玉をしゃぶりをる

岡井省二さんの門人の一人、大阪市外、枚方《ひらかた》に住む延廣禎一《のぶひろていいち》さんの一句です。

二　ミカンの話（二〇〇九・五・一九）

今、私の住む三重県南伊勢町はミカンの花が真っ盛り、夕方になると窓辺へ漂《ただよ》ってくるさわやかな香り、これこそ田舎暮らしの幸せというものです。私のささやかな本棚から、古い一冊を抜き出しました。一九五二（昭和二七）年一〇月に創元社から出版された『定本佐藤春夫全詩集』です。六〇年も前に買った一冊でカバーは破れ、ボロボロになった詩集ですが、座右の一冊です。その中ほどに「望郷五月歌《ごがつか》」と題した一編があります。ふるさとを想う五月の歌です。

詩の初めのところに、

あさもよし紀の国の
牟婁《むろ》の海山
夏みかんたわわに実り
橘《たちばな》の花吹くなべに
とよもして啼くほととぎす
心してな散らしそかのよき花を

とあります。和歌山県新宮市生まれの詩人は、都大路を歩きながら、このように歌ったのでした。とよもして、というのは、あたりを揺り動かすように音や声を鳴り響かせる、という意味です。あたり一面に響きわたらせて啼くホトトギスよ、どうか気をつけて、あのすばらしいミカンの花を散らさないでおくれ、と呼び掛けています。

ミカンも種類が多く、詩に出てきた夏ミカンはどこでも甘夏に変わりました。そのほか、八《はっ》朔《さく》、柚《ゆず》、レモン、デコポン、セミノールなど種類は数多くあります。それに昔からある温州《うんしゅう》ミカン。人間の頭ほどの大きい実がなるのが晩白柚《ばんぺいゆ》、小さい実では金柑と役者揃いで、まさに多士済済《せいせい》です。

これらのミカン類が花を開いて咲き競うのが、五月二〇日前後です。金柑だけは夏の暑い頃ですが。熊野灘沿岸では、只今花まっさかり、何故かミカンは海の見える、つまり潮風の当たる場所が適地のようです。よく知られた童謡「みかんの花咲く丘」そのままの風景が、私の町にはあります。「黒い煙をはきながら」と歌われていますが、今の船は黒い煙は吐きません。

最近の人気者は、三月、四月においしいデコポンです。これは「しらぬい」という品種で、清《きよ》美《み》という品種に昔からあるポンカンを掛け合わせてできたもの、その清美も、温州ミカンとオレンジを掛け合わせてできていますから、「しらぬい」はまさに品種改良の粋《すい》といってもよいでしょう。

ミカン農家も苦労が続きます。丹精込めて栽培しても、秋にはヒヨドリに実をつつかれますし、猿の被害も見のがせません。秋空の下で鯉幟を旗めかせて、矢車の音でヒヨドリが近づかないように、試みた農家がありました。

「エンガイ」と聞えますと、潮風に当たって枯れる害と早とちりしそうですが、これは「猿害」です。そのほか、イノシシがミカン畑を荒らしますし、初夏の夕闇にまぎれて大事なミカンの木を襲うのがシカです。農家はこの害を防ごうと三メートルの高さまで網を張りめぐらすのですが、網の継ぎ目を引きちぎって侵入し、根元から幹の大部分の樹の皮を食ってしまうのです。二〇年、三〇年という樹齢のミカンの木が、次つぎと枯れています。獣害に頭を抱えるのが、昨今のミカン農家の毎日といえます。

獣害にあえぐ農家の保護対策を訴え、県議会で質問した議員がありました。帰りの夜道で、その議員が山から飛び出してきたシカと衝突して、自動車の前の部分を壊したという事故がありました。これこそ本当の獣害やとは、笑うにも笑えない田舎ぐらしの現実です。ミカンの話題、悲喜こもごも至る、というところでしょうか。

三　旬の魚、イサキとカマス（二〇〇九・六・二三）

五月もなかばを過ぎると、イサキが旬《しゅん》を迎えます。和歌山県から三重県にかけての沿岸の漁村では、イサギと濁って言いますし、この魚をウズムシと呼ぶ所もあります。六月も末になりますと、産卵期に入りますので、漁師さんたちは漁を控えます。

イサキ釣りでひと工夫した釣り方をする漁村があります。五ヶ所湾口の西海岸の相賀浦《おおかうら》の人たちです。直径五センチ深さ二〇センチほどのステンレス製の円い筒にアミエビを入れ、その先に五、六本の擬餌《ぎじ》針をつけて釣る方法です。さびき釣り※を改良した方法です。もちろん筒には幾つかの孔《あな》があけてあって、そこから餌《えさ》のアミエビがこぼれ落ち、それをねらって集まってくるのを釣る方法です。この道具を漁師さんたちは、鉄仮面と呼びます。鉄かぶとを想像しているのかもわかりません。

イサキ釣りで騒動がありました。先ほどの相賀浦でのことです。少し前のことですが、一人でイサキ釣りをしている漁師が、突然、脳出血で倒れました。そのとき、自分で携帯電話で陸《おか》へ知らせ、何とか一命はとりとめました。電話の知らせで、何艘かの僚船が救助に沖をめざしました。小さな船外機船で出た人が一番に見つけ、自分の船の碇《いかり》を向こうの船に投げ入れ、義経の八《はっ》艘跳《そうと》びのような早業で、倒れている漁師の船に乗り移って、助けたということです。跳び移るとき、自分の携帯電話を船外機船へ置き忘れ、ほかの船へ、無事助かるらしいと知らせるのに、身振り手振りで大声を出したのですが、海の上のことでなかなか僚船へ届かず、苦心したのだそうです。幸い助かりましたから、こんなことも、後の笑い話ですんだのですが、考えてみますと、人間の暮らしは何事も危険とは背中合わせということでしょう。

イサキに続いて、これからの旬の魚の一つに、カマスがあります。これもおいしい夏の魚、まず青い色のが登場します。これがアオカマス、ヤマトカマスのことです。カマスは一本釣りのほか、定置網で捕獲されます。沿岸の瀬に大群になって集まってきて、盛んに小魚を食います。

カマスは姿ずしがおいしいです。背開きにして腸と中骨をとって、ふり塩をしてしばらく置いたあと、一度水洗いして、酢に漬け、それを握ったすし飯の上に載せて、濡れぶきんをかぶせて、両手でぎゅっと締めれば出来上がりです。ひと口大に切って食べます。祭りや来客があったときに作る、いわばハレの料理です。子どもの頃からの口になじんだ味です。

腸を取り除くときわかるのですが、びっくりするようなイワシやアジを呑み込んでいるということです。食物連鎖がよくわかる一例で、つまり、大が小を食う、ということの好例でしょう。シェークスピアの喜劇の『ペリクリーズ』の中に、何人かの漁師が出てきます。その中で一人

が、

「海の魚《いお》はどうやって生きているのだろう」

と言いますと、他の漁師が、

「それは決まっているよ、陸《おか》の人間と同じことで、大きなやつが小さいのを食らって生きてるのさ。ごっそり貯め込んだ、けちな旦那は、さしずめ鯨《くじら》というところだろう」

と、きわめつきのせりふを言います。

いつの世もこのような旦那がいるようです。

これからが梅雨《つゆ》本番となります。お互い、ごっそり貯め込むよりは、健康第一が何よりかと思います。

梅雨ばれのきらめく花の眼にいたく

今回は、室生犀星《むろうさいせい》の句集から、一句を選んでみました。

＊ さびき釣りは海釣りで、鉤素《はりす》（重りの下から釣り針までの間に使用する糸）に多くの擬餌針をつけ、撒き餌でたくさんの魚を集め、竿を上下させながら釣る方法を言う。

四　海女さんの話（二〇〇九・七・二八）

早いもので、三一日は二回目の土用の丑《うし》の日、とカレンダーにはあります。いよいよ夏本番、熊野の海はこれからが気圧も安定しておだやかとなります。その青い海で活躍するのが、海女《あま》さんたち。今回の暮らしの便りは、海に潜ってアワビやサザエをとる女の人たちの、海女漁の話題です。

男の人も潜りますが、こちらは海のさむらい、海士と書いて「あま」と読みます。耳で聞いてすぐわかるように、最近は男の方は、「おとこあま」と言うようになってきました。

ここで、二〇〇〇という数字を言いますが、何の数かおわかりでしょうか。アワビの一キロ当たりの値段としては安すぎます（ちなみに今年二〇〇九年は五〇〇〇円ぐらい）。海女のいる漁村の数としては多すぎるようです。今夜の二〇〇〇は、日本で活躍する海女の人数です。あくまでもおおよその数です。二〇〇〇人の中の約半分の一〇〇〇人ほどが、三重県の志摩半島で潜っています。私はもっときびしく捉えて約八〇〇人ぐらいでは、と思っていますが。戦後間もなくの、今から六〇年程前は、志摩地方で六五〇〇人ぐらいと想定できますから、全国では約一万人はいたと思われます。

志摩半島の海女漁には三つのやり方があります。夫婦が一組となって船を出し、亭主は船上にいて海女の命綱を摑《つか》んで漁場を見つめ、女房の海女が海底でアワビ、サザエをとる。この方法を舟人《ふなど》と呼び、ここでは亭主が船頭です。次に七、八人、場合によっては一〇人以上の船もありますが、これだけの海女を一艘の船に乗せて漁場まで行き、そこでいっせいに潜りをする方法、これを徒人《かちど》といいます。さっぱと呼ぶ所もあり、ここでは船は、さっぱ船です。船頭をとまいと呼びます。これらのほか、浜辺から各自、磯の近くまで行き、浅い磯で漁をする浜子という人たちもいます。三つの方法の呼び方は、所によって違います。

アワビ、サザエをとり過ぎないよう、潜る時間は厳しく決められていますし、貝の大きさも一〇センチ六ミリ以上とか、昔から厳重な取り決めがあります。このことが資源保護につながっているのです。

潜っている時間は大体一回一分ぐらい。五〇秒の勝負といわれるのが、海女の潜りです。それだけの短い時間で、貝を見つけ、磯のみというへら状の道具で、貝を岩からはがし、それを摑んで海面へ顔を出すのです。命がけの仕事です。顔を出して、そこで大きく息を整えます。このときの息が口笛のようにヒューヒューと鳴りますので、磯笛といいます。吹く海女さんにすれば、精一杯の呼吸ですから、ロマンチックなものではないのです。

海女は働き者です。潜《かず》く仕事の合い間には畑仕事もします。結婚すれば子育てがありました。今はウエットスーツという黒いゴム製の上下の水着を着ますが、古くは夜なべ仕事で、自分の着る磯着を縫ったものです。

地元での漁が終わると、他所《よそ》の磯へ出稼ぎにも行きました。東の伊豆半島あたりへ行くのを上磯《かみ》といい、西の方の熊野方面へ行くのを下磯《しも》といっていました。秋の穫《と》り入れの頃になりますと、秋仕《あきし》といって、つまり、秋の仕事ということでしょうか、四日市近郊とか愛知県の農村へ、稲刈りの仕事に行くこともありました。住み込みの仕事でした。

明治の中頃のことですが、志摩の海女たちが、一〇人、一五人と集団で北海道の利尻《りしり》といった日本の最果てといってよい離島へ行き、テングサ採りをした、という記録が残されています。いちばん古い記録は、一八九三（明治二六）年です。テングサは寒天《かんてん》の原料になる海藻で、貴重な海の恵みでした。海女の何人かは島の人といっしょになって、島で生涯を終えています。それとは別に、韓国までアワビとりに出て行っています。朝鮮渡りといいました。働き者であるとともに、ある意味では、物おじしない勇敢な女たち、肝玉《きもったま》姉さん、母さんたちでもあったわけです。

真夏でも長い時間、海の中にいますから体が冷えます。体を温めてひと休みして、もう一度潜

夏は外の火場で休む。とってきたウニを焼いている
——志摩的矢の海女小屋の庭で

るという繰り返しです。海女が休む小屋が海女小屋です。火場《ひば》という所もあります。太い丸太や家屋を壊した廃材などを焚《た》いて、体を温めます。火の横で傷になってしまって売り物にならない貝を焼いて食べたりします。海女だからできるぜいたくといえるかもわかりません。

火を焚きて火の匂ひ抱き海女潜る

私の友人の中條《なかじょう》かつみさんの俳句、この人の祖母も母も志摩の海で潜いた海女でした。火場の煙の匂いを身にまとって、冷たい海に潜った親たちの苦労をしのぶのです。アワビ一個が大きさによっては、三〇〇〇円というのも、海女の命がけの仕事ぶりを見ると、むべなるかな、なるほどと、私には納得がいきます。

五　漁村での十三夜の観月会（二〇〇九・九・八）

二百十日も過ぎますと、心なしか朝夕は涼しく感じられます。古今和歌集の藤原敏行《ふじわらのとしゆき》の、風の音にぞ驚かれぬる、という和歌の通りです。庭先のアサガオのつるにアカトンボが止まっているのを見ました。

私の町南伊勢町の相賀浦ではニワ浜を舞台に、四年前から、「十三夜の観月の夕べ」、という催しをしています。そのとき俳句大会をやろうと、俳句を募集して特選になった人には、地元の漁師がとったイセエビを賞品にします。いわば、漁村の活性化の試みです。音楽会もやります。

今年、二〇〇九年の十三夜は、一〇月三〇日です。第五回目になりました。ニワ浜までの道の両側には、ローソクをともして参加者の足元を照らします。ローソクは廃食油から作った、リサイクルといいますか、エコ・ライフの実践です。

四年前の第一回目が終わったあと、誰言うとなく、俳句を勉強しようと一五人ほどが集まり、月一回の句会をするようになりました。かつてこの浜に立った中村汀女《なかむらていじょ》さんの「汀」の字をとって、グループの名を「汀《みぎわ》」としました。

俳句仲間には漁師さんも何人かおり、潮の香のするような一句や、五七五の言葉遣いから、魚の匂いが感じられるのがあったりします。

「これは、大漁したあの日のことや、あんたのやろ」

などと言い合ったりします。高得点の人気作は、毎回短冊に書いて郵便局の入口に掲示しますから、みな真剣です。ささやかな緊張感と和気あいあいの雰囲気、これこそ「漁村に俳句あり」といったところです。

六　イセエビ漁のこと（二〇〇九・一〇・一三）

今夜は、海の宝石といわれるイセエビ、その刺網《さしあみ》漁のことです。イセエビ漁は、三重県では一〇月一日解禁が基準です。村の人たちは「口開け《くちあ》」といいます。しかし、伊勢湾口の神島《かみしま》や答志島《とうしじま》などの離島と鳥羽市の北側半分は、一足早くて九月一五日からです。つまり、彼岸花が咲き始めるのに合わせてといった感じです。また、漁場の狭い漁村では、漁の期間を短くしたりしています。長い所は翌年の三月まで続きます。

イセエビは伊勢っ子の心意気といわれるように、最高のおもてなしです。イセエビは伊勢の海でとれたのがいちばんおいしいと、これは私たち地元民の自慢です。しかし、水揚高では、千葉県にトップの座をゆずっています。千葉は解禁も早く、七月からです。

今年は初漁のイセエビの浜値は、一キロ当たり四五〇〇円から五〇〇〇円ぐらいでした。一尾三〇〇グラムとして、約一五〇〇円、一一月に入りますと、魚のように沖から泳いで来るものではありませんから、水揚高が減ってきますのと、年末相場で毎年八〇〇〇円ぐらいまで値上がりしていきます。

食べない頭も値段のうち、と言いますものの、イセエビの食品化率は約五〇パーセントですから、口に入れる部分はその倍の値段ということになります。

イセエビは普通、刺網でとります。刺網というのはテニスのネットのようなもの、と想像して下さればよいのです。丈一・五メートル、長さ七〇メートルぐらいの網を、時には一〇枚ぐらいを繋《つな》いで、それを海底に沈め、夜中にイセエビが掛かるのを待ちます。イセエビは夜行性ですから、満月の夜のときは網を仕掛けません。普通、夕方網を漁場に沈め、夜明けに曳《ひ》き揚げます。イセエビのほかに、サザエや、ニザダイ、タカノハダイ、マハギといった磯魚なども掛かってきます。

網は三枚網といって、目合いの違う網を三枚重ね、つまり、三重にしたものです。その網にからんだイセエビをはずすのが大変です。網の糸を切ってしまうと、修繕に手間取ります。箸よりも細い棒のようなもので、糸を伸ばすようにして、ていねいに網からはずします。特に、あの長い角《つの》を折らないことが肝心です。

私も含めてですが、わかっているようでわからないのが物の形。イセエビがどんな形をしているのか、角があって、腰が曲がっている、これくらいは誰でもわかるのですが、それよりくわしくとなるとどうでしょうか。長い角というのは、外側にある第二触角をいい、付け根の部分に発音器をひそませていて、ときどきギーと音を立てます。

その内側にもう一対、細くて短い角があり、これが第一触角です。第一触角は中ほどで、その先の部分は松葉のように二本に分かれます。余分なもののようですが、ここが大変重要な部分で、感覚神経が集まっていて、ここで餌《えさ》を探したり、海水が汚れているかどうかを、判定するといわれます。イセエビの体の前半分には、全体に短いトゲ、棘《きょく》といいますが、これがあり、見た目にも豪儀という感じがします。丹念に数えると三五〇ほどあるそうですが、私にはそんな根気はありませんので、これは人から聞いたことです。

胸に五対の脚、曲がった腰のような部分が腹、ここにうちわ型の腹肢《ふくし》が四対あって、泳ぐときに役立ちます。メスでは卵を抱えるのに、非常に大事な部分です。ですから、メスの腹肢はオスのそれよりも大きいのです。ひと腹に卵は六〇万粒ぐらいといわれています。

人の手でイセエビの稚エビを育てて、実用化しようという試みが始まって、今年でちょうど一一〇年になりますが、まだ放流という段階にまでは至っておりません。それでも毎年とれる量は、あまり変わらないのです。

一方、もう一つの海の宝物といわれるアワビは、種苗生産はとっくに確立されて、どんどん放流されています。しかし、こちらは水揚高は減り続けているのが現実です。

海の環境、特に沿岸漁場がどこか昔と違う、ここに視点を当てるべきなのです。イセエビに訊《き》けば、「それは人間の知恵で解決すべき地球環境問題やな」、と答えるかもわかりません。

七　ナマコ漁始まる（二〇〇九・一一・一七）

今回は、赤、青、黒の三色の話題です。三つの色に関係する漁村の話。ナマコ漁が始まったという暮らしの便りです。赤、青、黒の順序、これはナマコのおいしい順番。言い換えれば値段の高い順だということです。

志摩半島の国崎《くざき》では、一一月一日から解禁、ほかの漁場でも半月遅れて、ナマコ漁の最盛期を迎えています。ナマコは一一月は水深の浅い磯にいます。大人の掌《てのひら》に載るぐらいの小ぶりのアカナマコです。これがすこぶるおいしい。海女が潜ってとります。

今年のナマコの初札は、一キロ当たり二一〇〇円という高値でした。一二月に入りますと、体も大きくなりますが、値も一キロ当たり一〇〇〇円から八〇〇円ぐらいに下がります。

アカナマコは外洋性で岩礁に多くいます。ですから、志摩半島の磯のような場所が好漁場です。アオナマコやクロナマコは内湾の砂泥の上に棲《す》みます。ナマコ類は夏に弱い海産動物です。海水温の高いときは、岩礁の下などに隠れてじっとしています。夏眠です。秋になって海が冷たくなってきますと、這《は》い出して盛んに食物を取りますから、旬はこれから、晩秋から冬にかけておいしくなります。

日本人は普通、ナマコは生で食べます。下側のお腹を縦に切り裂いて腸を出し、よく洗ってから薄く刻んで、砂糖酢で食べる、これからの冬の磯の味として食卓を飾る一皿です。

ナマコを摑んでみればわかりますが、口のある方が頭で、肛門のある方が尾、口は前の端の腹側寄り、肛門は後ろの端の背面寄りにあります。

尾頭のこころもとなき海鼠かな

芭蕉の高弟の向井去来の句。京都に住んだ元禄の俳人は頭と尻尾《しっぽ》がわからなかったのか。最近、ナマコが減りましたので、以前は見向きもしなかったクロナマコもとるようになりました。もっぱら、中華料理の食材です。いつか、若狭《わかさ》の漁村の宿で、クロナマコにキュウリの細切りを芯にして、筒切りにしたのを食べたことがありました。

海女は漁に出る前、ツワブキやヨモギの葉をちぎって、手でもんで柔らかくしたので磯めがねを拭きます。くもりが取れて海の中がよく見えるといいます。これなど海辺で暮らす人びとの工夫でしょう。

近ごろの海女の磯めがねには、それなりの度《ど》が入った、老眼鏡のようにガラス面が加工されたのがあります。海女漁も日進月歩だと申せましょう。

八　しめ縄のこと（二〇〇九・一二・二二）

年の瀬になりますと、しめ縄の準備は欠かせません。昔は、どの家でも各自わらを打って縄なって作りましたが、近年は大方の家庭では、スーパーストアなどに予約注文して、二八日ごろに買うようです。伊勢神宮の周辺の地域では、しめ縄を一年中掛けておきます。新しいのを掛け換えるのは三〇日です。はずした古いのは、三一日の夜遅く神社の庭で焼きます。夜中にお宮参りに出かけて行って焼きます。

伊勢市などでは、しめ縄の中央の木札の文字が珍しく、他所《よそ》から訪れた人には注目されます。「蘇民将来子孫之家《そみんしょうらい》」の一行《いちぎょう》が書かれた木札が目につきます。この一行を門という字をうんと長く書いて囲んだものです。「蘇民将来」は疫病除《よ》けの神様の名前だとか。しめ縄につける飾りもいろいろあります。作る人たちは青ものと呼びます。ダイダイ、ユズリ葉、ウラジロ、それにヒイラギなどを飾りつけるようです。

私の町のイセエビのとれる地区では、それを茹《ゆ》でて赤くなったのを、中の身を取り除き殻だけを飾りつけます。「伊勢海老」の「伊勢」が「威勢」よくと繁昌を願った庶民の心意気でしょうか。

熊野古道が世界遺産として登録され脚光を浴びていますが、熊野地方の海野《かいの》では、一年どころか、古い上へ新しいのを掛け重ねていく所もあります。だから細い縄のもので、家によっては二〇本ぐらい飾ってあります。

私の家の玄関にも一年中掛けっぱなしのしめ縄が、もう大分古くなったまま三〇日の掛け換えの日を待っています。いつの年だったか、台風が来て強風でしめ縄が吹き飛ばされたことがありました。朝起きてあちこち探して拾ったのを、こっそり元のように飾り付けたという、都会の人からは笑われるような暮らしが、海辺の村にはあるのです。

九　アオノリ採り（二〇一〇・一・二六）

熊野灘の波静かな入江では、アオノリの養殖が盛んで、摘み採りが始まっています。伊勢湾の沿岸でも一部見られますが、熊野灘では、北から的矢湾、英虞湾、五ヶ所湾、その西側の南島《なんとう》地区の各湾から、東紀州の各浦々とほとんどの入江で養殖されています。

潮が引きますと、青い海に緑のじゅうたんを敷いたような見事な景観を作り出します。このノリは、アオノリとかアオサノリとか、いろいろな名前がつけられていますが、養殖されているのは、正しくはヒトエグサという緑色の海藻の胞子を、人工的に網につけて、それを入江などの静かな海に張り込んで養殖するものです。ヒトエグサの名の由来は、海藻を切断して、断面を顕微鏡で覗きますと、細胞が一列に並んでいます。つまり、一重《ひとえ》に並んでいるということです。

摘み採って干したものは、もっぱら「のり佃煮」の原料となります。春三月いっぱい摘み取り作業は続きますが、おいしいのはやはり寒中のときのもの。軽く火で炙《あぶ》ってひとつまみを味噌汁に浮かすのも一興、磯の香が楽しめます。

別のアオノリの話題をもう一つ。

スジアオノリという細い毛糸のような海藻が、川で採れ始めています。南伊勢町五ヶ所浦の中央を流れる五ヶ所川がその舞台。きれいな水が流れる川底の石に生えるのを摘みます。こちらは全く天然物で、貴重な自然の贈り物です。スジアオノリは海水と川の水が混じり合う汽水域《きすい》に生えます。このことから、川の一部分、河口域に限られるのです。そこへ大勢の人が入って、いっせいに摘み採ります。手でちぎるだけですから、これといった道具は要りません。腰にロープを巻き、その先に籠をつけて川に浮かべ、採ったのを入れていきます。色とりどりの籠が幾十も狭い川面を飾ります。春先の漁村の詩情を感じさせる風景です。ひと潮ごとに成長しますから、何度か口開けがあります。

　摘み採ったのをきれいに水洗いして、その日のうちに干しあげますが、時間によっては翌日もう一日、天日《てんぴ》に乾かすこともあります。軽く炙ってもみますといい香りが立ち込めるのです。ご飯によし、焼きそば、お餅にとまさに田舎暮らしの極みです。私のとっておきの食べ方は、削りかつおと混ぜ、ほんの少し醤油を垂らして、熱あつのご飯に載せて食べる、これが最上です。

五ヶ所川でのスジアオノリの採取。
春先の漁村の詩情を感じさせる風景

いずれにしてもおいしいスジアオノリが育つためには、清冽な流れが基本です。清冽な川の流れというのは、何の抵抗もなく素足で入れる川、といえばよいでしょう。そのような川はそこに住む人が力を合わせて守っていく、環境づくりのための住民意識が、今求められています。生物の多様性が議論されていますが、この議論もこのような身近なところから、出発してよいのでは、と思います。

一〇　シロウオのこと（二〇一〇・三・九）

春告げ魚、シロウオの話題です。春先の僅かな期間だけ、シロウオが姿を見せます。河口の汽水域に産卵のため集まってくるのです。シロウオはハゼ科の魚で、似た魚にシラウオがありますが、こちらはサケの仲間ですから、よく見ると形は全く違います。シロウオはハゼに似てつるっとしていますし、シラウオはサケのように体は平たく、名の通り白色透明です。

シロウオのとり方にはいろいろありますが、代表的なのが四手網《よつで》。網の四隅に竹を交叉させて網を拡げ、これを竹竿の先につけて、シロウオが来そうな川底に沈めておき、網に入ったのを見きわめて引き揚げる方法です。私の町の伊勢路川では、わらむしろを二つに折って作った叺《かます》の端を棒切れで支えて大きく口を開けたのを、川底に沈めておいて、泳いでくるシロウオを集めてとる方法がありました。川岸の両方から網をかけて、小舟を浮かべて網に集まった小魚をひしゃくで掬《すく》いとる漁もありました。川の自然環境の変化でシロウオの遡上《そじょう》が激減しています。

かつては、シロウオを醤油漬けにしたのを干した保存食がありましたし、豊漁で樽に何杯もとれましたから、ウナギの蒲焼きのたれを作る出し《だ》用に売った、という話も残されています。今から思うと夢のような話です。

もう一方のシラウオは、三重県では北の方の桑名付近、木曽三川の河口域が中心地です。刺網でとります。そこへ頭を突っ込んだのをふるい落として集めます。

生きたのをそのまま食べる踊り食いは、シラウオより、私の方のシロウオが一般的です。これも昔の話ですが、桑名の粋筋では、生きた長良川のシラウオを、うすい梅酢にしばらく泳がせておき、体がうっすらと紅色になったのを、踊り食いしたと聞いたことがあります。

明ぼのやしら魚しろきこと一寸

よく知られた芭蕉の名句、シラウオは一寸、三センチがいちばんおいしい大きさ。「冬一寸春二寸」と桑名赤須賀《あかすか》の漁師たちはいいます。春闌《た》けて二寸になると、骨が硬くなって味が落ちるということです。

シラウオの骨は見たことがない、という俗諺《ぞくげん》、つまり世の中のことわざに対して、

しら魚の骨や式部が大江山

と、芭蕉の門人荷兮《かけい》に、和泉式部の娘小式部内侍《こしきぶのないし》の、「まだふみも見ず」と詠《よ》んだ大江山の歌の逸話になぞらえた一句があります。

幾らシラウオが小さくても魚の仲間、小さいなりにも骨はあるというものです。

一一　わが町の日本一（二〇一〇・四・一三）

ふるさと自慢をするときに、何々では日本一という言い方があります。つい半月ほど前、私の住む町南伊勢町にも日本一が出現しました。

その日本一は何なのか。野口雨情ゆかりの詩碑のことです。詩碑が建立され、三月二七日に除幕式がありました。雨情にちなむ碑の数が日本一多い町の誕生です。これが地域の文化活動、ひいては町の活性化にひと役買うのでは、と話題になっています。

野口雨情は茨城県北部の海の町磯原《いそはら》で生まれました。今は北茨城市に含まれます。雨情は近代日本詩史の中の最高峰の一人。明治、大正、昭和にわたる最高の詩人として、評価はゆるぎません。最初は、社会主義の立場に立った詩を発表します。「人買船」「捨てた葱《ねぎ》」などが知られています。「船頭小唄」「紅屋の娘」などの流行歌の分野、「波浮《はぶ》の港」は民謡として発表されたものでした。三番目が童謡です。「七つの子」「赤い靴」「あの町この町」、作品は数えきれないほどです。四つ目が民謡。昭和時代の雨情は、民謡の作詞者といってよい人です。

雨情が伊勢神宮林を抜けて剣峠《つるぎとうげ》を越え、五ヶ所湾を巡遊したのは、一九三六（昭和一一）年、五五歳のときでした。詩人は、五ヶ所湾各地の海山の風情と人びとの暮らしを一七節の民謡として見事に作りあげてくれました。

民謡が詠まれたゆかりの場所に、その一節を彫った碑を建てて、歌の小径《こみち》としたのが平成の初めでした。町の中心地に建つのは、雨情直筆のものを自然石に彫り込んだものです。

伊勢の五ヶ所は真珠の港
波のしづくも珠となる

南伊勢町役場前に建つ 15 番目の野口雨情詩碑

七七七五の日本民謡の典型的な口調のよい言葉の運びです。二二年目に一五番目の詩碑が役場前に建ち、これで日本一となりました。

五ヶ所蜜柑の色づく頃にゃ
　雨も黄金の色に降る

真珠と蜜柑、これで海と山とが揃いました。あと一か月もしますと、さわやかな香りが満ち、ミカンの白い花で飾られる町になります。

一二　カツオの刺身（二〇一〇・五・一八）

プラタナス夜も緑なる夏は来ぬ

石田波郷《いしだはきょう》の一句です。今、私の家の裏庭の石垣には、ジャスミンの真白い花が無数に咲き、高い香りを放っています。初夏のころは、トベラ、マルバシャリンバイ、それにウツギ、ニンドウ、テイカカズラと、白っぽい花がつぎつぎと咲きます。ミカン畑に防風垣として植えたサンゴジュの花も白い小花です。

今年はウグイスがよく鳴きます。毎日、朝夕ひとしきり鳴きます。庭の隅にキンカンの木が一本あり、その中で鳴きます。じっと目を凝らして探しますが、なかなか見つけにくいのです。何かの拍子でさっと飛び立って、隣のお寺の藪の中に隠れました。夏のさかりまで、耳を楽しませてくれるでしょう。

そんなわけで私の所では、目には青葉山ほととぎす初鰹、じゃなくて、庭にウグイス初鰹です。何はさておき、やはり花より団子で、旬の食べ物の話題がいちばん。初夏のおいしいものは、カツオの刺身、これに如《し》くものはありますまい。

初夏のカツオは、ケンケン釣りという漁法で釣ったのが、格別です。トローリングという方法で、走る船から餌《えさ》または擬餌《ぎじ》針を付けた釣り糸を流して釣ります。これは、カツオやカジキなど大型の魚を狙う釣り方です。普通、船の両側に竿を出して釣り糸を流します。船を操縦しながらの釣りですから、ここは熟練を要します。釣ったカツオはその日に市場に出して、糶《せり》に掛けられます。入札です。

魚市場の三和土《たたき》に並べられたカツオは、鮮度抜群、沖合で釣ってその日に帰りますから、日帰りガツオといって遠洋漁業で釣ってきたものとは区別されます。

カツオは刺身に限る、というのは昔から言われる漁村暮らしの言葉。土佐づくり良し、タタキも格別、好みは人それぞれですが、あまり手を掛けない刺身が第一。醤油にショウガが一般的ですが、三重県の津市周辺では、練ガラシを使う人も大勢います。

三枚におろすとき、腹の部分、ここは薄い身なのですが、細長い三角形のものができます。腹身とか腹もとか呼びますが、九州枕崎《まくらざき》あたりでは、腹皮といいます。軽く塩を当て一晩置いたのを水洗いして、半日ぐらい天日に干して焼いて食べます。素朴な味が何ともいえません。極めつけはお茶漬け。刺身を熱あつのご飯に載せ、ショウガ醤油を少し垂らしたところへ、熱いお茶を注ぐだけ。刺身が少し白くなったところを見計らって、かき込めばいいのです。

一三　磯部の御神田（二〇一〇・六・二二）

三重の伊勢路はもうとっくに田植えは終わり、水田から早くも青田に変わっています。それでも六月のなかば過ぎ、これからが田植えだという所があります。志摩半島の磯部町《いそべちょう》（志摩市の一部）です。

ここに、伊勢神宮内宮《ないくう》の別宮《べつぐう》の一つである伊雑宮《いざわのみや》があります。地元の人などは、「いぞうぐうさん」と親しみを込めて呼んでいます。神田《しんでん》を持ち、毎年六月二四日に田植えが行われます。それは、御神田《おみた》といわれ、大阪の住吉神社、千葉の香取神宮とともに、日本三大御田植祭として知られています。国指定の重要無形民俗文化財です。当日は学校も休みとなるほどの町あげての最大の行事です。

御田植祭ですから、稲を植えることが行事の中心であることは当然ですが、最高の見せ場は田植えの前にあります。これから田植えをする水田のすぐ脇の畦道《あぜみち》には、大きな笹竹が立てられ、先端に特大のうちわが取り付けられています。中央に「太一」の字が書かれています。大勢の屈強な若者がそれを倒して、田の中で泥んこになって、青竹の枝を奪いあいます。男たちが下帯姿で取りあいをする「竹取り神事」が、何といっても見所です。笹竹を手に入れるとその年は大漁の願いが叶うと喜びます。大うちわも田の中に引き込まれ、うちわに貼られた紙も奪いあいになります。すべてが海上安全、大漁祈願のお守りになり、漁業とのかかわりが深く、近隣の人たちも大勢つめかけます。

　神田は若者たちが大あばれしたあと、もう一度、柄《え》振《ぶり》という道具で平らに地ならしされて、いよいよ田植えが行われます。田植えは子どもたちが主役です。御神田の行事は磯部町七郷の里が輪番ですべてを取り仕切ります。最近は子どもが減って二地区がいっしょになって行う年もあります。男の子も女の子も混じってやりますから、唱歌にあるように「早乙女《さおとめ》が裳裾《もすそ》濡《ぬ》らして」、というだけではないのです。田植えをする子どもたち

磯部町伊雑宮のおみた（御田植祭）の中でいちばんの見所である若者たちによる青竹の枝の奪いあい

子どもたちによる田植え。身に着ける衣装がすばらしい

は、室町時代を思わせるような衣装を身に着けます。頭には平たい菅笠《すげがさ》をかぶります。古式床しい、それでいてどこかのどかな行事です。

太い竹でも笹の葉は数が限られていますから、隣近所へは参拝のみやげに笹の葉に似た形の餅《もち》を配ったといわれ、それが今ある「さわ餅」です。長方形の細長い餅、名刺より少し大きめの四角な餅を縦半分に折って、そこへあずき餡《あん》をはさんだものです。

これがたくさん売れますから、早く搗《つ》きあげる工夫が、「早餅搗き」となりました。一本の杵を順次、搗き手に手送りして、代わるがわる餅を搗くという方法です。餅搗きのうしろには祝い唄を歌う人が何人かいて、三位一体《さんみいったい》の賑やかなリズミカルな餅搗きです。「磯部の早餅搗き」といわれ、町内の恵《え》利原《りはら》という農業が主体の集落が、今もこれを伝えます。おいしい米のとれる里です。

何はともあれ、米は日本人の食糧としては、原点というべきもの。米の豊作を願うのは、日本人すべての思い、それがこのような宗教行事や祝いごとなどハレの行事と結びつきました。何かといえば、餅を撒《ま》くのが日本人です

一四　七月の花と祭り（二〇一〇・七・一七）

七月もあと僅かとなりましたが、今年は半月も早く梅雨《つゆ》があけ、連日、猛暑が続いています。急に暑くなったためか、草花も暑さに追いつくように咲き変わっています。

つい最近まで、山道などにはネムの花が紅色のふわっとした花房を見せていました。この花は梅雨どきの湿り気の中で咲いているのが、いちばん美しいのです。ことのほか今年は紅色が濃いようでした。続いて、ハマボウが真っ黄色い花をひろげています。名の通り、浜辺に生える落葉低木で、花はハイビスカスに似て、一日花といわれ、朝開いて夕方しぼみ、しぼんだ花はポトリと地面に落ちます。地上一面に散る落花もまた見事な自然の美しさです。

南伊勢町に本州最大といわれるハマボウの群生地があります。五ヶ所湾に注ぐ伊勢路川河口の三角州に、約一〇〇〇本が群生しています。好塩性植物ですから、根元まで海水が来ても枯れません。根元をじっと観察していますと、小さな穴が無数にあります。チゴガニが出入りする穴で、這《は》い出したチゴガニがいっせいに爪を動かすのが見られます。チゴガニのダンスといわれる、これこそすばらしい自然の共生の一景です。

ハマボウの咲く七月の末には、どの地区でも天王祭があります。てんのうさんと村人は呼びます。厄除《やくよ》けの行事です。地区によって、少しずつ違いがありますが、麦わらで作った船を海に流すというのが、どこでも見られます。「郷中安全」とか「無病息災」とか唱えて、地区を廻ります。ある地区では、各家庭で灯籠を作り、それを川に流します。海まで出た所で全部集め、海のごみにならない対策をしています。

天王祭は別名「おいやれ」ともいいますが、これは疫病を追い払う、という意味で、唱えごとの中に、「おんやれ、こやれ、津島の沖へ、どんどと行かしゃれ」とあります。「津島」は愛知県津島市の津島神社のことで、ここの神様が、みんな疫病を引き受けてくれる、ということになっています。

一五　ヨコワとトウガラシ（二〇一〇・九・七）

早いもので、暦はすでに九月、私の家のささやかな庭もアサガオが終わり、今、夕方になりますと、カラスウリの白い花が糸のように裂けた花びらを見せてくれます。海から吹き上がる風に揺れています。これも季節の便りのひとつです。

例年のように防災訓練は夜にやります。午後六時の有線放送を合図に、指定の場所に集まります。人たちが集まりますと、

「いつまでも暑いな」
が合い言葉ですが、魚のとれ具合なども話題になります。
「今年はヨコワがとれん。海も狂っとるんと違うんやろか」
と心配顔です。ヨコワはマグロの子。三〇センチぐらいの大きさのときの名前です。群れになって熊野灘の沖にやってきます。養殖も始まっています。沖でとったすぐのヨコワを、生簀《いけす》に入れて本マグロまで育てます。生簀は巨大で頑丈、ここまでくると水産工場といった感じです。

初夏はカツオの刺身がおいしいですが、九月はヨコワがうまい、と人びとはいいます。ヨコワは身が柔らかく、手早く身を捌《さば》かないと、身が崩れてしまいます。

普通、刺身はワサビと醤油がすぐ頭に浮かびます。カツオはショウガが合いますが、これをカラシで食べる所もあります。カマス、イサキ、アジなどは酢味噌で食べるのもおいしい食べ方です。

ほかに珍しい食べ方は、トウガラシを使うことです。浅草や京都で売っている「七味」ではありません。「虎の尾」という昔から伝わるトウガラシの生のものを、ネギを刻むように細かく刻んで、刺身の上に載せて食べるという、独特の食習慣があるのが、熊野灘の漁業のまち尾鷲市の人たちです。尾鷲の漁師さんたちは、夏、秋の刺身には、この虎の尾というトウガラシ一辺倒。長さ太さはちょうどボールペンぐらい。名の通り、先端、つまり尻尾がくるっと曲がっています。ピリッと辛いのですが、これがまたあっさりとした辛さで、天下一品とは漁師の自慢話です。

ずっと以前の映画に、エノケン主演、この俳優の名もなつかしいですが、『虎の尾を踏む男達』がありました。「勧進帳」をベースにしたものでした。それにちなめばこちらは、「虎の尾を噛《か》む漁師たち」といったところでしょうか。

一六　イセエビのこと（二〇一〇・一〇・一二）

古来、イセエビはアワビと並んで沿岸の海産物の中では最高のもの、値の張るものとして、海の王様の名に恥じないものです。

そんな高価なものなら、人工で稚《ち》えびを育てて放流したらという、この考えは一一〇年以上も前からありました。一八九九（明治三二）年から着手されます。その後、長い期間の試行錯誤を経て、一九三〇（昭和五）年、私の生まれる二年前に孵化《ふか》に成功します。

フィロソーマというクモのような幼生までは、何とか成功するのですが、その先のプエルルス、これはすき透っていますのでガラスエビといわれますが、この段階にまで成功するのは、五八年も後のことです。それは、一九八八（昭和六三）年五月一二日のことでした。

フィロソーマが約一〇か月浮遊して、その間に二八回の脱皮がありました。世界的な快挙と話題になりました。その年のＮＨＫ紅白歌合戦の審査員の一人として、この仕事に携わった人が選ばれ、これも年末の話題になったことを記憶しています。当時の三重県水産試験場の成果でした。今は三重県水産研究所と名称は変わりましたが、現在も続けられ、世界一の水準を誇っています。

フィロソーマは何を食べて暮らすのか。ムールガイの生殖腺だそうです。なかなか気むずかしいところがあって、冷凍ものでは駄目、毎日一つ一つ貝をむいた身からとったのでないと、食べないといいますから、考えてみれば、贅沢《ぜいたく》なものです。高級なものは餌《えさ》から違うということでしょうか。

フィロソーマ飼育の技術が確立されて、イセエビの稚エビの放流ができるようになれば、しめたもの、うれしい限りです。クモのような長い一〇本の足を持ったものから、すき透ったガラスエビ、そしてあのいかめしい姿に変わるのですから、何とも神秘的とも言えます。

＊ 本稿は、松田浩一さん（三重県水産研究所）の『イセエビをつくる』を参考にし、著者から教わったことを基にしています。

一七　もう一度、イセエビの話（二〇一〇・一一・一六）

イセエビのとれる熊野灘は一一月になるとツワブキの花が咲き出し、ごつごつとした海岸が黄色い花で飾られます。そんなとき、超特大のイセエビが漁師さんの刺網に掛かりました。五ヶ所湾の湾口の田曽浦という漁村でのニュース、そこは私の生まれ在所でもあります。

二キロもある大きなイセエビのお目見得です。普通なら二〇〇グラムから三〇〇グラムですから、優に七、八倍はあります。胴体の部分の長さが三八センチ、角《つの》といっている触角を伸ばしての全長が八六センチもあるという代物《しろもの》。しかし、これだけ大きいと料理屋向きではありません。

入札で問屋が買い取りました。この見事な海の幸を小学校の児童全員に見せてやろうと思いつき、一日見学会をしました。学校はすぐ近くです。あと剝製にしようかと考えたのですが、鳥羽市の水族館からほしいと申入れがありましたので、気前よく寄贈しました。伊勢っ子の心意気というところです。問屋の主《あるじ》と私は小学校で同級、息子たちも同年です。

「水族館なら三度の食事にも事欠かんし、大勢の人にも見てもらえるしな」

こんなことを言っておりました。このイセエビ、長生きしてほしいものです。水族館の飼育係の話では、生まれて一〇年はたっているだろうとのこと。エビ、カニ類は脱皮を繰り返して成長します。脱皮の回数は個体差があるようですが、大体年に五、六回、それから考えると、大エビはすでに六〇回ぐらいの脱皮をしているわけです。硬い殻をまとったままでは、体を大きくすることができませんから、脱皮という現象が生まれます。脱皮によって、新しい殻が硬くなるまでの短い期間に、イセエビは体を大きくします。

新しい胴体の部分が少しずつふくらんで、その力で古い殻を押し上げます。そのとき、頭の方は垂直な状態で立ち上がるような姿勢になって、古い殻から一気に抜け出る、といわれます。脱皮の時間は五、六分です。

今回の大きなイセエビは、禁漁区という特別の漁場で捕獲されました。普段は網を入れてはいけないという漁場です。年に一、二回ほど解禁になる磯です。そこには種《しゅ》を絶やしてはいけない、豊かな海をいつまでも持続するという、昔からの漁師の知恵が生きているのです。

漁労技術は日進月歩、まさに脱皮の連続ですが、とにかく全体のバランスを崩さないこと、これが沿岸漁場を守っていく上での、大原則だと思います。こんどのイセエビはこのことを教えてくれているようです。

一八　さらにもう一度、イセエビのこと（二〇一〇・一二・二一）

前回の超大型のイセエビの話から早いものですでに三五日がたち、冬の到来です。ツワブキの花は末枯《うらがれ》て、それに代わってツバキの木の蔭には、センリョウの赤い実が目立ちます。

赤いといいますと、今回もイセエビの話です。あと一〇日で年が変わります。正月の飾りには真赤に茹《ゆ》であがったイセエビが欠かせません。熊野灘の漁村では、しめ縄にダイダイといっしょに飾りつける所があります。中身は取り除いて殻だけ、真赤なのを飾るのです。また、床《とこ》の間や神棚に供える重ね餅の上に置くこともあります。

蓬萊《ほうらい》に聞かばや伊勢の初便

という芭蕉の句があります。

大坂堺に樋口屋《ひぐちや》という人がいました。節約を旨《むね》とする人ですので、蓬萊なんか飾って何の得があろう、イセエビの代わりにクルマエビ、ダイダイの代わりにクネンボ（ユズに似た皮の厚い果実）を積み、これでも、「同じ心の春の色」だと、駄洒落《だじゃれ》を飛ばす話があります。井原西鶴の『日本永代蔵《にっぽんえいたいぐら》』に出てきます。また同じ人の『世間胸算用《せけんむねざんよう》』にも似たことが書かれています。大晦日が近づきますと、イセエビの値がぐんと上がります。大坂北浜のひと筋南の今橋《いまばし》筋の大店《おおだな》の主《あるじ》は、「伊勢海老が無うて、年のとられぬ、ということもあるまじ」、と言って、ベニバナを絞って染めた赤い絹地、つまり、紅絹《もみ》で張りぼてのイセエビを作って、毎年それですませたというお話。

最近は部屋が暖かいですから、三が日を待ちかねたようにして、重ね餅といっしょに飾ったイセエビは、身を取り出してサラダの具にして食べてしまいます。

前回の二キロの超特大のイセエビのその後の様子が気になりましたので、水族館へ行ってガラス越しに対面して来ました。百聞は一見に如《し》かずで、大きなものでした。大きな石が座っているといった感じです。イセエビは夜行性ですからじっとしています。水槽の中にいっしょにいるゴンズイが群れになって、大海老の裏側に隠れていました。

この大海老、雄です。過去の記録からいいますと、二キロ五〇〇グラムぐらいまでのものは捕獲されたことがあったようですが、三キロのものはまだないとのことです。これからどれだけ大きくなることやら。大きくなろうとすれば脱皮する必要があります。そのときには、迫力あるシーンが見られるでしょう。しかし、一般に脱皮は深夜が多いそうです。

食事は週に三日、月水金、それも一日一回です。どんなものが餌《えさ》か、アジの切り身、アサリのむき身、これらが主食です。それにしても水槽の中ですから、漁師の網に掛かる心配はありませんし、天敵のタコに襲われることもないといった平安な日々です。どこかの芝居の海老様のように怪我《けが》することもないでしょう。

私は同郷の誼《よしみ》で、この大海老の前にしばらく立ちつくしていました。会話ができたらと思ったのです。代わりに水槽の音が次のように呟《つぶや》いているのかと感じました。

「私も来年は脱皮しますから、日本人全体がもう少しすっきりした人間の社会になるような『脱皮』をしてほしいものです」

一九　イセエビの丸齧《まるかじ》り（二〇一一・一・二五）

伊勢志摩国立公園の中の美しいリアス式海岸で知られる、五ヶ所湾の湾口西側に、約一キロほどの砂嘴《さし》があります。そこは相賀浦という漁村です。砂嘴は砂の嘴《くちばし》と書くように、鳥の嘴のように延びた堤防状の砂の堆積のことです。それによって海の一部分が閉め切られた池、「海跡湖」があり、大池と呼ばれています。外洋と繋《つな》がっていますから、潮の満ち引きがあります。

大池の浜辺に、イセエビを焼いてふるまう、「海老網漁師小屋」があります。少しでも漁村を活性化したいと、地元の有志三〇人ほどが少しずつ金を出しあって、「相賀浦元気づくり協議会」という組織を結成しました。年とった人たちが遠くまで買物に行かなくてもいいように、閉店した小売店の店舗を活用して、小さな店を開く班と、イセエビをふるまう漁師小屋の班に分かれて活動しています。二〇一〇年から始まったのですが、漁師小屋が町外の人たちに珍しがられ好評です。五人のお母さんたちに、三人の漁師さんが加わってのメンバーです。

生きたイセエビを丸のまま焼き、それを真ん中の所でねじって、熱あつの身を丸齧りするのが、客には何よりも好評のようです。サザエの壺焼きや、カワハギの切り身がぶち込まれている味噌汁など、食材は目の前の海でとれたものばかり。イセエビをとる刺網には、サザエやカワハギといった磯に住む魚介類も掛かってきます。

この大池は、古い村の記録には五万九三七四坪あると書かれています。約二〇ヘクタールです。昔風に言えば二〇町歩です。そこは海域ですから、池の中でもいろいろな漁業が営まれてきたようです。二〇世紀の初め、一九〇一（明治三四）年には、ナマコがよくとれたと記録にはあります。戦後の一時期は、真珠養殖漁場でもありました。

時代が前後しますが、明治三〇年代には、波静かな海面を利用して、魚が養殖されたことがありました。特筆すべき試みといえます。日本でブリやタイの養殖が本格化するのは、第二次世界大戦後ですから、大池での魚類養殖は、日本最初のことと考えてよいのです。タイ、ブリ、サバ、スズキなどの稚魚を、小さい生簀《いけす》で育て、あと大池に放流して大きく育ったのを捕獲して市場に出した、とあります。このことは、東京日本橋兜町《かぶとちょう》で印刷された、明治四〇年四月発行の『三重県案内』という本にあります。一〇人ほどの共同体で始めたと書かれています。明治人の進取の精神には頭が下がります。

共同で何かをする、今、日本の社会でいちばん求められている助け合い、人の輪が地域を活気づけますし、そこから地域の活性化が始まると思います。

粗末な漁師小屋のしつらえではあっても、お母さんたちの明るい話し言葉は、訪ねた人たちを和ましてくれます。

「遠い所《とこ》までよう来てくれましたな。ゆっくりしていっておくんないな（下さいね）」

伊勢の「な言葉」が、ひょっとするとおいしいご馳走の隠し味かもわかりません。

二〇　島にも花にも歴史あり（二〇一一・三・八）

早いもので、三月もすでになかば近く、春はそこまでやって来たという感じです。このことを知らせてくれるのが、ハマジンチョウの紫色の小花です。二月の中旬から咲き始め、今が真っ盛りです。

五ヶ所湾のいちばん奥の獅子島《しじま》に自生している熱帯植物です。自生地は本州ではここだけといわれ、非常に貴重なものとして、一九五五（昭和三〇）年に三重県指定の天然記念物となりました。

『広辞苑』を開きますと、次のように説明されています。


ハマジンチョウ科の常緑小低木。東南アジアの熱帯・亜熱帯に生じる。南九州や南西諸島にも自生。よく分枝し高さ一・五メートルほど。質厚くつややかな楕円形の葉を互生する。初夏に葉腋《ようえき》に一〜三個の花を長い柄の先に横向きに開く。花冠は紅紫色で漏斗形、上半部は五裂して直径二センチメートルほどになる。沈丁花に似ているのでいう。


初夏に咲くと書かれていますが、何故か、私の町のハマジンチョウは春にさきがけて、花開きます。どうしてこのような湾奥の小島の浜に生えているのか、謎といえば謎なのですが、五島《ごとう》や天草《あまくさ》にしろ、奄美大島《あまみおおしま》や沖縄の島々にしても、みな黒潮が流れる所、獅子島は五ヶ所湾といいましても熊野灘に繋《つな》がっています。南の方から八重の潮路を旅してたどり着いた、と少しばかり詩的に考えたくなります。

江戸時代に誰かが植えたのではないかとか、御木本幸吉《みきもとこうきち》さんが植えたのだろうとか、いろいろな説を立てる人もいます。ただ、花は小さく香りもほとんどなく、豪華なものではありません。

なぜここで御木本幸吉さんの名前が出るのか。それは、一時期、獅子島が御木本さんの所有であったからです。御木本さんは一九〇八（明治四一）年に五ヶ所湾で真珠養殖を始め、成功します。一九四〇（昭和一五）年までの三〇年以上の長きに亘りました。その間《かん》に、村が立ちゆかなくなったことがあり、御木本さんから一〇円の借金をし、その見返りとして獅子島を渡しました。戦後、島は地元の所有となります。こんなエピソードのある島です。

先月、二月二〇日に「ハマジンチョウと獅子島の自然観察会」という催しがあり、私は案内役として参加しました。風もなく穏やかな日曜日でした。参加者一七人のささやかな催しでしたが、千葉県船橋市から夜行バスでかけつけた人や泊まりがけの人やら、各地からの参加者は、ほとんどが初めて島へ渡る人たちでした。

島にはウバメガシやタイミンタチバナといった、紀伊半島熊野灘沿岸特有の木々が繁っています。一本、ホルトノキもあって、これがまた伊勢湾台風で横倒しになったままの樹形で葉をひろげています。島のまわりは、カキが着生し、その殻の大きいことに参加者たちは、驚きの声をあげていました。島のまわりのごみ拾いをしましたが、これは案外少なく、みんなで自然の恵みのすばらしさを満喫した半日でした。島に残していくのは、感謝と足跡だけにしようといいながら、無事に岸に帰り着きました。

小さな島にも、本州唯一という珍しい植物があり、これも絶滅寸前のときもあったのですが、みんなの力で元に戻りました。島自身も所有は時代とともに変わりました。人びとの暮らしの中で、島にも花にも歴史があるのです。春の訪れの中でそれらを思うことしきりです。

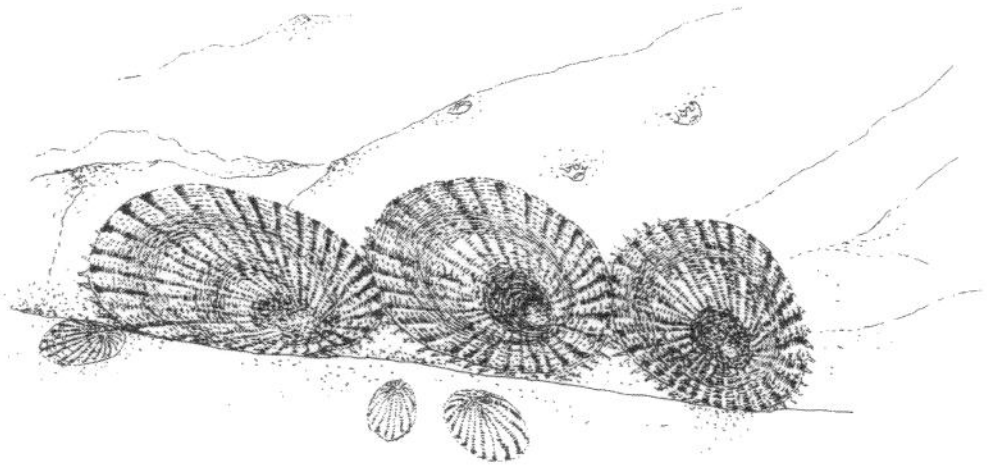

マツバガイ

ハマグリ

第四章　拾遺——漁村聞き書きの旅

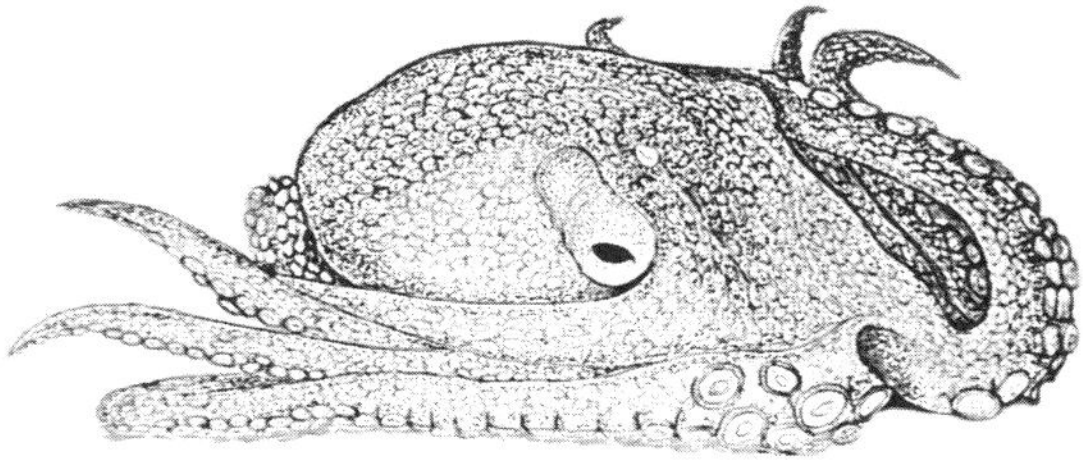

マダコ

阿波徳島の海女の話

徳島県海部郡牟岐町、美波町
二〇一四・四・二二〜四・二四
牟岐町　福田　清子さん
　　　　浜田ツタ子さん
美波町　磯田由利子さん

牟岐の海はるか

二男の連れ合いが小学校の教師で、その同僚の女性教師の両親が、徳島の牟岐《むぎ》にいると聞いた。父親は海士《あま》であると言う。この、人の縁で牟岐を訪ね、トコブシやフノリをとる海女《あま》二人に会うことができた。両親は田淵力《たぶちつかさ》さん、敏子《としこ》さんという。何度かの電話のやりとりがあった。力さんは潜水のためか難聴である。だから電話での相談は、もっぱら敏子さんであった。この人のてきぱきとした段取りで、牟岐行きは、四月二二日からに決まった。

その日の阿波路《あわじ》は雨傘の要る天気であった。牟岐の駅に一一時に着いた。海女さんたちに会うのは、夜、夕食をすませてからになっている。それまでの時間を、港から約四キロ沖の出羽島《てばじま》※1に渡って、島を見ることにした。島へ渡る船は一一時一〇分である。港までは地図を頼りに歩くつもりであったが、すでに敏子さんが駅頭に待っていた。ちょっと道がわかりにくいですからね、と私を自動車に乗せた。出羽島への船はすぐに出た。これお弁当と小さな鞄を手渡してくれる。徳島の駅でおにぎりを買って来ました、と言えば、まあこれも食べて下さい、と笑いながら言われる。エンジンの音の中で、いつの間にか鞄は私の手に移っていた。

詩人の野口雨情が一九三六（昭和一一）年に牟岐の町を訪れ、各地の名勝を巡って作ったのが「牟岐みなと節」である。雨情が作詞した民謡は五〇〇に近い。大正一〇年ごろから昭和一〇年代にかけての「新民謡運動」※2の中から生まれた。

牟岐駅のすぐ前に、駅舎と向きあって建つ詩碑が、「牟岐みなと節」の冒頭の一節である。詩は七、七、七、五と民謡の典型だ。

阿波の牟岐町　南に向いて
春を待たずに　豆が咲く

宿は、町から少しはずれた場所にあるきれいな建物であった。すでに雨はあがり、晩春の陽が美しかった。同じ民謡の中にある次の一節とぴったり重なる風景が目前にあった。

舟は港に　鷗は沖に
牟岐の渚は　夕焼ける

田淵さんお二人のご親切で、夜、海女さん二人に会うことができた。狭いけど、私の所でと迎えに来てくれる。至れり尽くせりとはこのことである。私はその親切に甘えた。

二人は、福田清子《ふくだきよこ》さんと浜田《はまだ》ツタ子さんである。すでに私を待ってくれていた。

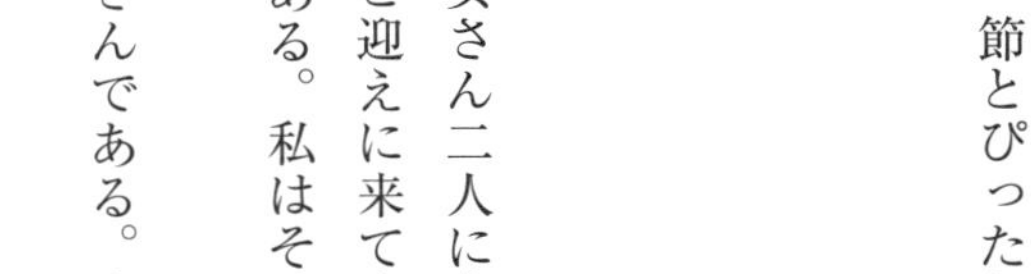

4月下旬の夜、田淵さんの2階で海女漁の話をしてくれた福田清子さん（左）と浜田ツタ子さん（右）の2人の海女

「きよこは清い子で、まあありふれた名前ですよ。昭和一八年四月生まれ。こないだ（この間、ちょっと前に）七二になりました」

「私は浜田ツタ子、清子さんと学校は同級ですけど、生れは昭和一九年二月、早生まれですわ」

このように話す二人の言葉は、まるで隣の町の人のような感じである。つまり、徳島県沿岸部

の言葉と熊野灘沿岸の漁村の人たちの話し方が、非常に似ているのである。方言地図というのがあるとすれば、一つの圏域になるということであろうか。

出された茶を呑《の》み、海女の桶を型どった菓子を食べた。最中《もなか》である。

「今年の春は水温が低いでね。漁に出る日もちょっと少ないですよ。アワビ、トコブシなんかの解禁は、三月一五日から八月三〇日まで、ずっと開けっぱなし。それがね、最近、サザエがおらんのよ。一つもおらん」

清子さんが、まずこのように口火を切る。次はツタ子さんの言葉だ。

「以前はね、ようけおったんよ。それがさっぱり。今は全然おらん。多かったころは私らでも何十キロととったんですよ」

ツタ子さんが言う「ようけ」はたくさんという意味の言葉で、これなど三重県と全く共通だ。このことが会話をはずませた。

「牟岐には漁協が二つあるんですが、私らの漁場は町内の地先全域、どこでも漁ができるんですわ。そやで、出羽島の方へも潜りに行けるし、あちらからもこちらの磯へ来て漁が出来る。広いですわ」

私の横に座る田淵力さんがこのように話す。ゆったりとした物言いの人だ。

「私は陸《おか》から単車へ乗って行くんです。水落《みずおち》という所まで行きますよ。今の道路の下に昔の細い道があって、そこを通って行きます」

「私もそうや。いつも清子さんといっしょ。その方がお互い、何かあったときにも安心やしね」

次は清子さんの説明である。

「最近、海女が減りましたからね。今、七人やね。五〇代が一人、六〇代二人、七〇代三人で八〇代が一人ですわ」

「ひと昔前はようけおったですよ。今の倍以上はおった。一五、六人はいたな」

ツタ子さんはこのように話す。

力さんに、男の海士は大勢いるんでしょう、と訊《き》けば、

「今、男は七三人いますよ」

「海女の中には、お父さん（旦那）といっしょに船で行く人もありますがね。二人とも潜ります。男は沖の深い所でアワビをとる。海女は浅い場所でトコブシをとる、このようにざっとした区別があってね。牟岐の海女はアワビはとらんのですよ。トコブシをとります。首ぐらいまでやね。背の立つぐらいの所で潜るんですわ。浅いで私らは足ひれを付けません。付けるとかえって邪魔になるんです。ウエットスーツは着ますけどね。九キロの重りを腰につけてね。一つ一キロぐらいの鉛のかたまりを九つ付けた太めのベルトを、腰に巻きます。

ウエットスーツは誂《あつら》えですわ。採寸して作って貰います。この前、いい生地で作ったら、上下で四万七〇〇〇円しました。五ミリの厚みの生地でね。冬の寒いときに着るんです。真夏になって来ると、少し薄手の三ミリぐらいのを着ます。いいものですと三年ぐらいは着れますな。年

取ってきて、あまり漁に出やん人は、今年は上だけ、来年はズボンをという人もいるようですよ」

このように話す清子さんも、横にいるツタ子さんも、結婚して子どもがある程度大きくなってから、海女になった、と言った。

「姑《しゅうとめ》も海女やったしね。子どものころから泳いでいましたからね。子どもの手が離れるようになって、姑と交替したんです」

この話に、ツタ子さんも同じだ、と言う。海女小屋のことを尋ねると、ツタ子さんは次のように答えた。

「海女小屋はないんです。潜る時間も短いしね。二時間半潜るだけやからね。上がったらすぐ帰ります。一〇時から仕事して、一時までには帰って来ないといかん。一二時半には必ず上がる。帰ってとった物を組合に出すのが一時です」

そして、次のようにいって笑った。

「この清子さん、この人は今年は春からだいぶとっとるよ。私ら顔負けや」

「口開けからしばらくはそこそことれたんですけどね。あとはだんだん少のうなって来ていますわ。

今年は水温は低かったけど、ほかのいろいろな条件が良かったんですよ。天気が良いし、海はなごいて（凪いで）、潮はよう引いたしね。トコブシを一五キロぐらいとった日がありました。

あの日は今までの最高でした」

「私なんか清子さんの三分の一ですわ」

「そいでもね、このごろは五、六キロですわ。男の海士がとるアワビは、クロアワビでキロ当たり五〇〇〇円、アカが三七〇〇円ぐらい。私ら海女がとるトコブシは、今、一キロ当たり二二〇〇円ぐらいが市場の値です。牟岐の磯はトコブシがようけとれるんです。ナガレコと言っていますね」

明日も漁に出るかと問えば、ツタ子さんは次のようにいう。

「天気が良ければ行きますよ。清子さんといっしょに行きます。私らは各自行くから、好きなときに上がれるしね。お父さんは別に行っとるけんね」

「牟岐の海士は分銅《ふんどう》は持たんのです。おもりは持たんと、全くの素潜《す》りですよ。ウエットスーツは着ますがね。昔、若いころはだいぶ深い所まで潜りましたが、今はね、年もいったし（取ったし）、五尋《ひろ》か六尋ぐらいです。以前は今の倍以上潜った。一五尋ぐらい潜りました。そのために鼓膜が破れてね。耳が不自由なんです。

潜る時間が決められているから、それまでに出ればよい。九時までは家でゆっくりですよ。会社でいえば重役出勤や、といわれています。アワビをとるほか、以前は魚突きもしました。マグロ延縄漁《はえなわりょう》の船にも乗ったしね」

田淵力さんは一九四〇年生まれである。

海女さんたち冬はどうしているんですか、と聞くと、清子さんは次のように話す。

「百姓はせんからね。冬はイカ釣りやね。アオリイカを釣ります。延縄もやりますよ。ガシラ※3を釣ったりね。ガシラのことを牟岐では、ガガネともいいます。冬は旦那の手伝いやね」

「私なんか稼ぎも少ないけど、この清子さんとこ、福田一家は、牟岐で税金いちばんやね。若いのもおるけん（息子もいるから）ね。税金やったら、町一番やろね」

このことに、すかさず清子さんは応じる。

「それぞれ個人差はあるけど、一人、二〇〇万から三〇〇万はあるけん、三人でどれくらいになるかな。私の所は法人組織にして、税金対策をやっていますよ。おかげでこの牟岐の海で稼がせて貰っています。牟岐の磯、福田さん一家にやられる、という人おるけんね。まあ、体張っての仕事ですけど、牟岐の海のおかげ、有難いことです、感謝せんといかんね」

二人の結婚は早く、福田清子さんは二十《はたち》のとき、浜口ツタ子さんは、私は一九のときやった、と口を添えた。次は二人の共通した母親の思い出である。

「母親は箱めがね、磯かがみというやつやね、あれでトコブシをとりました。服着たまま海に入るから、磯から上がったとき、着換えがいるでしょう。箱めがね以外に、着換えも持ってね。そやで荷物が多かったですわ」

清子さんは笑いながら、このように話し、そして続けた。

「棒と鍬《くわ》を持って行ってね。鍬で石引っくり返して、トコブシをとったんですね。棒の先に磯の、

牟岐漁港の岸辺は、すべて、
フノリ、テングサの干場となる

みが付けてあって、たま（たも）網へトコブシを集めます。トコブシは石の上を早く動きますから、手早くそれをのみで掻《か》き集めたんです。それだけのことを両手でやるのやで、今の私らのやり方に比べると、きしんどいですわ」

京阪の言葉に「しんどい」がある。「くたびれている、つらい、くるしい」という意がある、と『広辞苑』では説明されているが、牟岐の「きしんどい」は、それに近いが、「まどろっこしい」という気持ちが含まれた言葉だ、とその夜の人たちは私に告げた。

昼間渡った出羽島には、テングサが所狭しと干されていたことを話すと、今、テングサ、フノリ採りで忙しいということであった。

「今年はテングサが多いですよ。私はきょうはフノリを採りましたけどね。子どものころからフノリやテングサを採りました。中学生のときに、出羽島へテングサ採りに行ってね。あそこの浜は丸い石の浜やでね、そこにテングサがいっぱい付いていて、それをむしったですよ。畚《ふご》（わらで編んだ入れ物、もっこともいう）へ入れて来るやろ、持ってくるまでに乾いてしまう。売る前にな、それを潮水につけてね、濡れたのを一気に走って売ったんです。二人で棒で荷《にな》って走るんです。ちょっとでも目方が減らんようにね。そんなことを昭和三〇年ごろまでやったやろね」

トコロテンを作る話が出た。乾いたテングサ四〇グラムに水一・八リットルが適量である、という。

「テングサ四〇グラムに水一升と昔からいわれとるもんね」

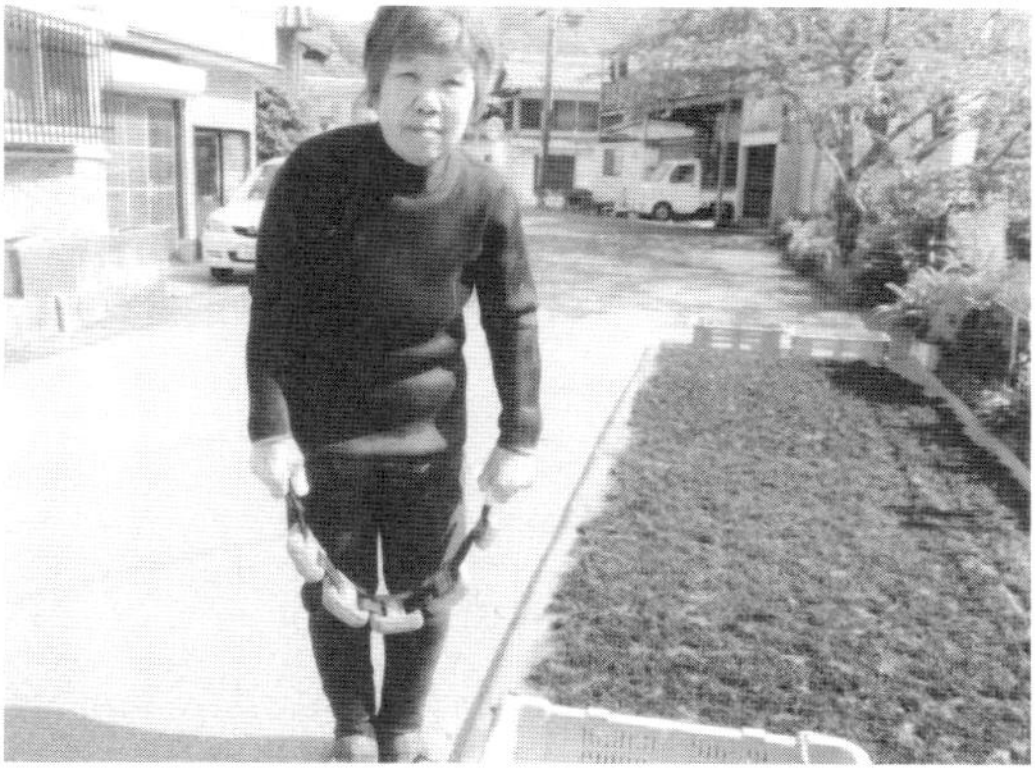

牟岐の海のおかげという、福田清子さんの潜りの支度。横にフノリが干されている。手にするのは腰に巻く 9Kg の重り

ツタ子さんがいった。

あすも港に行くという。朝、四万七〇〇〇円のウエットスーツを見せて貰う約束をした。

「アワビの稚貝《ちがい》の放流に海士の会で水揚げの三パーセントを出します。トコブシの稚貝も育てとるから、海女も同じですよ。漁協がやっていてね。これから六月にバイガイの口開け、サザエ、ウニの解禁が七月です。アワビは採さんならんからえらいけど(大変だが)、サザエはとりやすいですよ。拾うのが早い人はようけとりますわ。

牟岐はイセエビの刺網漁《さしあみりょう》もさかんやしね。ここは五月一五日までとります。一五日というのはちょっと遅いですよ。もう子抱いとるでね。そんなのをとってしまうからね。減りますよ。徳島は全体、とりすぎです。子持ちまでとってはいかん、と思いますわ。解禁は九月一五日からでね。子持ったのが磯の方に這《は》い上がっとるのを見た、と聞いたことがある。終わるのをもうちょっと早めたらどうやろか」

帰りぎわに聞いた、清子さんのこの言葉が、いつまでも心に残る。

翌四月二三日、牟岐は快晴、朝の潮風がここち良い。九時に清子さんの家の前に着いた。フノリが干されている。きのう採ったのを朝からひろげたのだ、という。今年は値がいいらしい。キロ二〇〇〇円を下らないだろう、とのことであった。これが四万七〇〇〇円のスーツですよ、と朝日の当たる所で見せてくれた。今日はこれを着て行く、と納屋《なや》に入って着換えた。出て来て、道の脇に立つ。ウエットスーツの上下を繋《つな》ぐところを見せてくれた。上の後ろ身頃から、股下を通って前見頃で繋ぐように、ベルト状のものが付いている。そのあと、九キロの重りを腰に巻いた。

ゆうべ敏子さんの姉の和代《かずよ》さんが来て下さっていた。家は福田清子さんの隣であった。

「ゆうべはお世話になりました。お家《うち》はここでしたか」

「私は、ここの漁協の職員を三〇年やりました。貝があがると、市場で看貫《かんかん》の仕事でした。サザエがたくさんとれました。そんなときは、スコップで箱へ詰めましてね。魚も多いし、若い漁師も大勢いたから、町は今よりもうんと活気がありました。

敏子は私の妹ですが、結婚した相手も田淵家の兄と弟なんです。つまり、私が兄と結婚し、敏子が弟の田淵力といっしょになりました。私のところが本家になるわけです。私の連れ合いももちろん漁師でした。ウニとりをしているとき、急に体が悪くなり亡くなりましてね。子どもたちも独立して、今は私一人。子どもが三浦《みうら》三崎《みさき》にいるもんですから、五年ほど、あちらにいたんですが、今は里帰りというのか、牟岐で暮らしています」

道の真ん中でこんな立ち話をした。清子さんはトコブシをとるのみを持って来て見せてくれる。そこへ、相棒の浜田ツタ子さんが単車でやって来た。すでにウエットスーツを着ている。出漁の前の二人を写真に納めた。

港の岸辺で、あふれんばかりの古い漁具が積まれているのを見た。ありとあらゆるという言葉がぴったりの情景である。そのそばにもテングサがひろげられている。その上を猫が一匹、ゆっくりと横切っていった。

一〇時五分発の上り列車に乗る。歩いて行くと言ったが、敏子さんが送りますよ、とゆうべからの約束であった。姉の和代さんと敏子さんの待つ家まで行っ

海女漁に出る前の２人。
潜りの仕事は別々に磯へ行き作業をする

た。ゆうべここを通ったのかと、やや不確かな記憶をたどって玄関に立った。ガーベラが生けられた瓶《びん》があった。きれいですね、これが朝の挨拶である。

「残りものの花を使っただけですから、たいしたこともなくて」

敏子さんは、町の人たちに生け花を教えている。玄関に小原流いけ花という看板があった。たいしたことはないというが、残り物を活かすという、このことが力量というものではないのか。

狭い路地を抜けて、自動車の走る道へ出た。牟岐駅前で二人に挨拶をして別れた。列車が出るまで少し時間がある。本屋に入って週刊誌を一冊買った。駅舎に向かって建つ雨情の詩碑を、じっくりと見つめた。碑には、春を待たずに豆が咲く、と彫られているが、豆は何か、エンドウもソラマメも、四月下旬なら、すでに莢《さや》だ。こんなことを思いながら、上り列車の客となった。

＊1　本章「島暮らし讃歌――徳島の島二つ」参照
＊2　一九二〇（大正九）年から三五（昭和一〇）年ごろにかけて、当時の詩人（野口雨情、北原白秋、西條八十等）と作曲家を中心に、新しい民謡をという掛け声で、多くの民謡がつくられたこと。
＊3　一般にはカサゴといわれる。干潮時には露出する浅い岩礁から、水深五〇メートルあたりまでの海域にいる。白くしまった身は、くせがなくおいしい。紀州から熊野にかけては、ワタガシ、またはガシと呼ぶ。

（未発表）

地の果てで潜る

「海女《あま》ちゃん、町おこし」という見出しの記事を、朝日新聞夕刊で読んだ。二〇一三年一〇月一八日の朝である。僻地《へきち》であるため、夕刊は翌日の朝刊といっしょに配達される。ニュースの内容は、四国徳島の東の地の果てといえる伊座利《いざり》（海部郡美波町《かいふぐんみなみちょう》）の海女さんたちの活躍、具体的にいえば海女漁のほかに、「イザリｃａｆｅ」を開設して、好評である、という話題である。

目の前に太平洋が広がり、漁港に小舟が浮かぶ。徳島県美波町伊座利の「イザリｃａｆｅ」は、飲食店と宿泊施設を兼ねた漁村カフェ。現役の海女、磯田由利子《いそだゆりこ》さんらが営む。

このように記事は書き出され、店内に三人の海女さんがほほえんで立っている写真が添えられている。記事が出てすぐ二日あとに、『人生の楽園』というテレビ番組で、店の様子、海女漁のことが全国に流れた。

電話で訪ねてよいか尋ねてみた。まだ海女漁には出ていないが、定休の月曜日以外なら、今のところいつでもよい、と気さくに引き受けてくれた。牟岐町との連続の日程で、伊座利へは四月二三日夜と約束した。

「店は午後三時までですし、バスの運行が不便です。由岐《ゆき》発の最終便に乗ると、伊座利へ夜の八時ごろ着きます。店には誰もいませんけど、黙って二階へ上がって寝て下さい。私は朝七時半には店へ出ますから、そのときお目にかかります」

磯田さんはこのように告げる。おおよその場所を聞く。バスを降りたら右へ行く。ずっと進んでいくと海岸へ出るので、ちょっと高い場所に黒い建物がある。電灯をつけておくからわかるだろう。こんな道案内の電話であった。

由岐駅に夕方六時前に着く下り列車がある。徳島駅を一六時四八分に出、阿南《あなん》は一七時三〇分に通る。阿南からこの列車に乗った。下校の高校生で車内は賑やかである。六時を過ぎた由岐の駅前はひっそりと静かだった。バスは一八時二三分発である。二〇分ほどを、硬い椅子に腰掛けて待った。一人の年寄りが来て、横に座った。行き先を訊かれたので、伊座利までと答えた。

「わしも若いときは漁師やった。この先の志和岐《しわぎ》で降りるけど、伊座利は大分遠いな。カツオ釣りの船に乗ったとき、尾鷲の港に入ったことがあった。前に島があって、良港やったな。もうこの年になるとね、体がきかん、船は降りた。伊座利は近ごろ、ちょこっと知られるようになってな、都会の人が行くようやね。あそこと阿部《あぶ》は海女のおるところやけんな。まあ、行き止まりさ」

こんなことを問わず語りに話してくれた。

持っている新聞の切り抜きを見せたら、小さい字が読めるのか、写真の説明文を見て次のように言う。

「吉野《よしの》か、木床《きどこ》か、どちらも、以前に伊座利の組合長をしたが、その家に関係のある人かもわからんな」

バスが来た。客は私たち二人だけである。志和岐で降りるという年寄りは、町中の細い道の脇で降りた。フリーバスという運行で、あらかじめ降車の場所をいうと、その近くで停車してくれる。あとは伊座利まで私が一人。タクシーのような気分である。若い運転手が親切に語りかける。日暮れて暗い山路を走る。伊座利の停留所に、カフェの看板が立っていた。私を降ろしたバスは、橘営業所まで暗い峠道を越えて行った。

光のない漁村の夜道を行く。教えられた方角に歩いて行くと、港らしい所に出た。一軒明かりのある人家がある。尋ねるに如《し》かずと、玄関を開けて聞いてみた。川口さんですか、という。カフェのスタッフの人か、と咄嗟《とっさ》に思い、挨拶した。あの黒い家ですと、そこまでついて来てくれる。二階へ上がるドアに「川口様」と書かれた紙が貼られていた。

カフェは民宿を兼ねているが、夜は泊まるだけである。自分で布団を敷いて寝る。部屋は板の間である。テレビがないのがかえってすっきりとしている。カーテンを閉めてすぐ眠った。

六時に目覚めた。カーテンを引き港を見た。下の堤防に二人の人が立っている。これから漁に出るのか、と思ったが、少し違うようだ。あとでわかったが、四国放送というテレビ会社が、朝

峠の坂道を下って来た所に、伊座利への道しるべが立っている。訪ねた翌朝撮す

の定置網の水揚げの様子を、撮影に来ていて、漁船の入港を待っているのであった。

朝七時、約束より早く磯田さんに会うことができた。客席の椅子に腰を下ろして話をした。

「カフェのスタッフは七人です。もちろん、この伊座利の主婦ばかりです。そのうち、三人が海女なんですわ。この写真の三人、私も入れてですけど海女しおるん（している）です。あと四人は普通の奥さんというんかな。

私はここから大阪へ出て、また戻っての六七歳でね。中学二年のとき、両親といっしょに大阪へ出ました。そのあと、あちらで理容師の仕事をしていました。散髪屋に奉公しとったんです。男の人の頭の髪刈っとった。おばに当たる人が世話好きで、この人どうやと言うてくれてね、いっしょになったんです。主人はここで生まれてここで育ってという人でね。バスで来ると一つ手前に小《こ》伊座利という所があるんですが、そこの出身です。主人は、友春《ともはる》といいます。今年七三歳になります。ずっと漁師ですよ。

大阪から戻ったというか、来たということで、私は結婚してから海女になりました。小伊座利では、仕事するのには不便やからといって、私の実家が、停留所の近くにありますので、そこに住んで海の仕事をしています。主人のおじいちゃんおばあちゃんがいましたんでね、二人に子ども預けて海女しました。

私らは潮とき海女というてね、潮が引くときだけ海に行きます。今も深い所へはよう入りませんよ。地元の女性三人に、大阪からひと組来ている人たちが潜ります。そやで海女は四人やね。お父さん（旦那）も潜るから、海士というわけです。大阪の人も入れて男は一〇人あまりいますね。この西の阿部にここより大勢海女がいます。逆に東の方の伊島《いしま》には、女で潜る人はおらん。徳島では本式の海女は阿部と伊座利だけです。牟岐の女の人らは、トコブシをとるだけやそうやでね。

アワビは六月二〇日が解禁で九月二〇日まで、サザエはあと一〇日ほどとれるけど、近年少のうなりました。アワビも以前は九月いっぱいとっとたんです。しかし、産卵のこともあるということでね、漁の終わりを一〇日早めようと取り決めました。土日は海女漁は休みですので、ここへ出てカフェの仕事をします。

伊座利だけでなく、阿部でもどこでも人口減なんですよ。住む人が減ってきています。深刻な問題

海女漁とイザリ cafe を元気いっぱいにこなす磯田由利子さん

やということで、『伊座利の未来を考える推進協議会』というのを結成して、そこが中心となって、この『イザリ ｃａｆｅ』を始めました。私たちはその団体に協力してお手伝いをしている、ということになりますね。

何か地域おこしをしようと皆で相談して、あちこちの先進地を見てまわりました。そして最後の結論がこのカフェでした。私がいちばん年上だからというて代表を引き受けさせられたんです。もう六年が過ぎました。ここはもと網小屋が建っていたんです。それを壊してこのような店を建てました。おかげさまで昼前になると、お客さんが押しかけて来てくれます。待って貰わんならんことが多いですわ。最初任されたときは、どないになるんかな、と心配やったですけど、スタッフ力合わせて助けあいでやって来ました。仕事する時間は一〇時から三時までやから、日当いうたて僅かです。都会の相場の半分。

ここは阿部と阿南に挟まれていて、漁場は狭いししれとるね。ただ、阿南の地先の黒神《くろがみ》あたりに入会《いりあい》の漁場があります。

私の所は息子も海士しとるけんね。親子三人で稼がせて貰ろてます。お前のとこ、親子三人で伊座利の磯のもん（物）みんなとってしまう、とよういわれます。お父さん船出して、私は乗せて貰ろて、いっしょに潜りの漁をするんですわ。二人ライバルやでね。お父さん、最近、ちょっと年いって来ましたんでね、たまには、私の方が多い日がありますわ。これから幾つまで海女の仕事ができるか。それでも伊座利でも八〇歳ぐらいまで海女漁した人いました。私のおばもそうでしたね。

息子も自分で小っちゃい船外機の船出してね、一人でやります。あまり沖へは行かんのです。潜るのは浅い所ですよ。お父さんでも五尋《ひろ》ぐらいです。私ら女は、潮が引いたら立てるぐらいの所で潜るんです。

伊座利は漁場がいいですから、時たまですけど、一個一キロからあるアワビがとれますからね。ムクロ、クロアワビですね、これが殻長九センチ、ヒラカイ、つまりシロアワビは一〇センチ、これが基準のサイズです。トコブシもとれます。クロアワビが割合多いですよ。値の高い方ですね。今、一キロ当たり六〇〇〇円ぐらいでしょう。

勘定は半月に一回、いわゆる半月勘定というやつで、大体一〇〇万円ぐらいです。でも、いつもそうやというんではありません。天気の悪い日が続いたりすると駄目ということになるし、夏場でそれくらいです。

お父さんは冬は定置網です。農地もあるんで百姓もします。田んぼを六反、伊座利で唯一の農家です。他人さんの目からは、ようけ稼ぐと見えるかもわかりませんが、アワビのとれるのは夏だけですし、何十キロととれるのは、口開けしてしばらくの間だけでね。日が積んでくると少のうなりますよ。それに年がいってきますから、これからは無理ができん、と二人でいうとるんです。怪我したり、体こわしたりしたら、元も子もない。とにかく体一つでやる仕事ですから。

潜るのは一〇時から昼過ぎ二時まで、それで揚がって、船で持って来て、二時半から三時まで

伊座利の定置網漁の漁船。朝６時に帰ってその日の水揚げをする。磯田さんのご主人も乗組員の１人

に市場に出します。組合が買い取ったのを、仲買人が荷受けに来ます。

この店で使う分は、組合から買うんです。私らがとったのを、そのまま食材にすることはできません。小さいのや傷ができたのなんかも、ここで使うことはできんのです。

伊座利は漁協の組合員が二〇人ぐらい、組合長は非常勤、おったりおらんかったりやね。おらんだりおらんだりかもね。アワビの稚貝の放流、これはどこでもやっていますが、いちばん大事なことやね。売上げから、その協力金は天引きされます。ほか、組合の歩金もあって、引かれる分も多いんです。しかし、それが地域を守っていく基本ですから。

主人も結婚してから海士をするようになったんです。冬はこの海で定置網漁をして、六月からは鳴門の北灘という所へ、ハマチの稚魚、モジャコですね、あれをとりに行っておりました。ほやけんね（だから）、伊座利で海士せん人は、ほとんどの漁師は、夏は北灘へ行きました。給料がめちゃ安かったんでね、それよりは海士なら家でできるし、といいましてね、主人は二八から海士です。

　海女するときは、樽を使います。昔は木で作ってありました。今はプラスチックが大半です。その下に網で、ここでは畚《ふご》といっていますけど、袋を作って、それを樽の底につけて、とった貝は袋に入れます。たらい船の蓋《ふた》のあるようなもの、といえばよいかな。それを浮輪代わりにして、腹を載せて移動します。アワビをとるのみは二種類で、一つは小のみといっていますが、伊座利のはごく短いものです。掌《てのひら》に隠れるぐらい短い。それを手に持って、岩の穴の奥なんかにいるのを、さぐるようにしてはがすとき使います。そんな漁場が多いんでしょう。波の荒い磯ですのでね。

　イセエビの刺網もやります。今年はようとれました。びっくりするほどとれました。その代わり、タコが少のうなってね。タコ籠《かご》でとりますが、一匹も入っとらんのです。アワビをとるのよりむつかしい。タコはイセエビの天敵やで、その関係でイセエビが多かったのかもわかりません。それにサザエがおらんのですわ。探してもどこ見ても一個も見つからんのです。磯が今までと、どこか違ってきているようでね。海あっての伊座利ですから、みんなで守っていかんとね」

　バスは朝八時一〇分発である。時間ぎりぎりまで話を聴いた。港に定置網の船が入って来たようである。船上で網から魚を仕分ける漁師が四、五人、朝の光を浴びて立ち働いている。

「私、子どもが四人あって、男と女二人ずつです。娘の一人は津市に家建てて住んでいるんですよ」

玄関で別れの挨拶のとき、こんなひと言が由利子さんの口から出た。修成町《しゅうせいちょう》という町にいるんです。こうつけ加えた。バスはもうすぐ出るという。停留所まで早足で急ぐ。ちょうど中学生が何人か登校するのといっしょになった。谷の奥の方に学校があるらしい。小さな海の村に若者が息づいている。

バスはすぐ坂を登り始めた。坂のすぐの所にも人家がある。男の子があるのだろうか。水平に張られた綱に、鯉幟が横に一列に泳ぐのが、繁みを通して望まれた。晩春の朝の木漏れ日が坂道に撥《は》ねて光る。

（未発表）

サザエ

島暮らし讃歌——徳島の島二つ

出羽島への連絡船が出る牟岐の港

野口雨情に詠まれた大池の大蛇伝説

四月下旬、その日は雨もよいの天気であった。船は定刻にともづなを解いた。海上一五分の短い航路である。さわやかな初夏の風に体を任せた。訪ねる島は出羽島である。「てばじま」と読む。徳島県牟岐の南、約四キロの沖に位置する小島だ。

島の北部は豆の頭部に匹敵し、やや膨れ、南部は尻となってやや狭くなっている。殊に豆の目に当たる処は島の東北の角で、其処が港となっている。

『牟岐町史』の中の「牟岐町散歩」という章に、このような説明文を見出すことができる。「豆の目」、つまり空豆のおはぐろに当たる所が出羽島港といえる。小さな入江を取り囲んで人家が建つ。静かなたたずまいが、かえって詩情をかき立てる。島は至って穏やかであり、時が止まったような雰囲気が感じられた。

詩情といえば、近代日本詩壇に屹立《きつりつ》する詩人野口雨情が作詞した民謡のあることでも知られる。雨情は、「七つの子」や「赤い靴」といった、日本人の琴線に触れる童謡の数々を世に出した詩人であり、また、日本各地をまわり、多くの土の匂い、潮の香のする新しい民謡を作詞した人でもあった。

一九三六（昭和一一）年二月、牟岐町の名勝地をめぐってできたのが、「牟岐みなと節」である。その中のひとふしに出羽島が詠み込まれている。

舟で廻れば　出羽島一里
　島にや大池　蛇の枕

牟岐港を出ると、船員がすぐ船賃を集めにくる。
1人片道220円である

大池は島の南西にあり、シラタマモという珍しい海藻が生息する。海水をたたえた鹹湖《かんこ》である。近くにあるのが蛇の枕であり、それは、長さ七メートル、幅五メートルほどの大きな石で、中央に裂け目があり、この岩を枕にして大蛇が寝ていた、という伝説がある。

「牟岐みなと節」は、牟岐港が竣工したのを祝って作られた。作曲がすばらしい。藤井清水《ふじいきよみ》によって曲がつけられている。藤井清水は、雨情の童謡の最高峰と今も愛唱される、「十五夜お月さん」を作曲した本居長《もとおりなが》世《よ》の弟子で、雨情とのコンビで知られる中山晋平《なかやましんぺい》よりは、より芸術的な曲想でレベルの高い名曲の幾つかを残した。すなわち、「蜀黍畑《もろこしばたけ》」であり、「信田《しのだ》の藪《やぶ》」などである。もっと記憶されてよい人である。

船を降りてすぐの所に、のびやかな雨情の筆跡で、「舟で廻れば」のひと節が彫られた詩碑が建つ。松の古木が寄りそうが、横に場違いのようなごみ焼却炉があり、詩碑は毎日、煙にむせんでいる。

船着場すぐ近くに立つ雨情詩碑

島の古老は、延縄《はえなわ》漁船の船頭だった

港をめぐる細い道が一本あり、所どころの古い和風建築の家には、道路に面して玄関の横に板張りの戸がある。一種の蔀《しとみ》といってよいだろう。閉じた状態では雨戸なのだが、板張りの下半分を開けて前へ出すと、それが縁台になり、また物を並べる台にもなる。上半分も開ければ風通しにもなるし、明かりとりの役目もする。この地方では「みせ」と呼ぶ。

構造からいえば、上下半分ずつに開くのだから、半蔀《はじとみ》に似ているといえよう。この板張りのある家屋は、大半が空き家らしく、人の暮らしが感じられないのが現状のようだ。しかし、閉じられた家ではあるが、島人の暮らしの歴史を語る文化財といえる。

港の岸辺は、すべてテングサの干し場であった。テングサ特有の海藻の匂いが立ち込めている。雨情はこの磯の香を、七、七、七、五の民謡に詠み込んだのか、とひと摑《つか》み手に取って匂いを嗅《か》いだ。春まっさかり、テングサは、まわり一里のどこにでも生えている。

老人が港を見ていた。話しかけたら、気さくに相手になってくれた。

「四年戦争へ行った。陸軍でな。南方へ行ったですわ。ボルネオへ行って、帰りはシンガポール。そんなに大きい体やなかったけど、無事に帰れてな。今は年とって、大分、身の丈が縮んだ。若い時分はマグロ船に乗ったんやな。カツオ船のときは三陸《さんりく》沖まで行った。仙台沖から宮古ぐらいまでやったな。宮古まで行くと、秋ガツオになるから、そのあたりで切り上げて帰って来る。こんな繰り返しやったな。今は島の人間、一〇〇人ぐらいしかおらんけど、以前は青年も多かったしな。船を繋《つな》ぐと港いっぱいになってな。岸に何本かの松の木があって、それへ船繋いだもんや。あふれるほど若い漁師がおった。マグロとりのときは、船が小さかったで、赤道ぐらいまでやったな。一〇〇トンぐらいやったでね。石油が切れると、パラオへ入って補給したんやね。水夫《かこ》は二〇人ぐらいやったな。本マグロをこの沖で釣る人もあった。延縄で釣った。尾鷲の近くの引本《ひきもと》の世古という人の船の船頭をしとたんですわ。ここの若い漁師を何人か連れて、引本へ行きました。あそこはええとこやったな。三重県はカツオ船も多かったしね」

思いがけない人との出会いであった。名前を訊《き》いてみた。気軽く答えてくれた。

「ニッタや」

「新しいに、田んぼの田ですか」

このように尋ねたら、

「にんべんに数字の二、仁丹の仁や。名は留吉。大正一三年生まれや。九〇歳や」

古老はたたみ込むように答えてくれた。そして続ける。

「三浦三崎へもよう入港したな。カツオ、マグロのほかには、五島列島までレンコダイを釣りに行った。手で縄を手繰《たぐ》ったですわ。四月はテングサの時期や。これを手返して、ごみを選って、乾かしたものを一五キロの袋詰めにして出荷やね。一キロ当たり七〇〇円はする。八〇〇円ぐらいかもわからんね。島のまわりの玉石《たまいし》についとるけど、昔よりは少のうなったな。減ったのはまず人間さ。子どもがおらんしね。今は大半が年寄りでな。昔は夜中でもあしたの漁の準備で誰かは港におったけど、今は昼までもひっそりやな。人間の多い時代の方が用心も良かったね。一晩中、誰かは起きとったでね」

先人の苦労がしのばれる大波止の石積み

仁田さんと別れ、私は小学校のあとを目ざした。途中で、テングサのごみを選り分けている女性にあった。私の呼びかけに、夕方までには乾くだろう、と、手を休めずに言う。

急な石段を登る前、共同井戸を見た。かつては島に四か所あったが、一九七三（昭和四八）年に本土から海底送水されて、昔の水汲《く》みの苦労は解消された。これも、島の暮らしをしのぶ貴重なものである。井戸の建屋の横に看板が立っている。オオウナギが生息する、と説明されていた。成長すると一・六メートルにもなる。別名、カニクイというらしい。

テングサに混じるごみを選り分ける島の女性たち

小学校校舎は取り壊され、体育館は島の集会所になっていた。運動場の片隅に石碑があった。

出羽島の港入口の堤防。
明治４年の築造で、丸味のある落ちついた石積みである

劫初《ごうしょ》より
　造り営む殿堂に
吾も黄金の
　釘一つ打つ

彫られた字は、このように読めた。與謝野晶子《よさのあきこ》の一首であるとわかるが、この歌が出羽島とどう関わるのかはわからなかった。

別の坂道を下りて、大波止の近くに立った。石積みが見事である。角の立った堤防ではなく、なだらかに、丸く丸くと積み上げられているのである。西が四四メートル、東はその半分の二二メートルの長さがある。明治四年に、半官半民の出資で築堤された。立看板には、「先人の苦労のあとが残る石積みの価値は大きい」と書かれてあった。咲き残りの八重桜の紅い花びらが散った。

船着場横に、小さな簡易郵便局があった。葉書を買った。雨情の詩碑の前で、立ったまま、東京の知人に走り書きした。ポストに投函せず、窓口で局員に手渡した。

「明日の発送になるのですが」

「いいですよ」

こんなやり取りのあと、郵便局の引き戸を閉めた。三時発の帰りの船が私を待っていた。

固有種イシマササユリの保護・育生に尽力

出羽島に渡った次の日、伊島を訪ねた。ＪＲ牟岐線牟岐駅で徳島ゆきの列車に乗る。列車といってもたった一両、乗客も私のほか二人ほどであった。牟岐駅前はこじんまりとしているが清潔な町のたたずまいであった。

伊島へ渡るため、阿波《あわ》橘《たちばな》で列車を捨てた。降りる客は私ひとりであった。道を歩く人はいない。国道五五号の広い道を渡ってしばらく港の方向に歩いて行った。伊島ゆきの船ののりばはこの先二五〇メートル、と書かれた看板を見た。船着場は答島という所、こたじまと読む。近くに阿南発電所があった。

波止場は、待合所が建つだけで、ほかには何もない。出航は一二時三〇分である。一時間あまりを待合所で過ごした。持ってきた二万五〇〇〇分の一地形図を、膝《ひざ》の上にひろげて出航を待った。伊島は「い」の字をしているというが、それは、西側の棚子島《たなごじま》と前島《まえじま》を合わせての形であることがわかる。つまり、「い」の字の左の書き始めが、棚子島と前島であり、字の右半分が伊島そのものといえる。

伊島の港風景。左上は可動式防波水門　伊島中学校提供

船賃は片道一〇二〇円である。船内に乗船券の自動販売機がある。ここへ金を入れて、切符を買う。横に船員が立っていて、買った切符はすぐに船員の手に移る。航海は三〇分とあるが、四〇分近くかかった。

伊島の港に近づくと、正面に偉容を誇る可動式防波水門が迫る。港を守り、船を守る巨大な施設である。一〇億円余の巨費を投じて出来た、と聞いた。

船着場には、その日話を聴く人、岡本新三郎さんがいた。岡本さんは、二〇一三（平成二五）年一一月に離島振興功労者表彰を受けた人。去年は、離島振興法の施行と全国離島振興協議会が設立されてちょうど六〇年、つまり、人でいえば還暦に当たる佳節にちなんでの表彰で、国土交通大臣表彰受賞者四三名の中の徳島県の代表であった。

島に咲くイシマササユリ。花びら６枚、芳香を放つ。高貴そのものである
岡本新三郎さん提供

岡本さんは一九三九（昭和一四）年生まれ。一九八九（平成元）年から二〇一三（平成二五）年まで、島の町内会長であった人で、今も島民のリーダーの一人として活躍している。島の簡易水道の設置や町内会運営の介護サービスなど、すべての分野にわたっての指導者として、その信望はゆるぎない。また、県指定のイシマササユリの減少を危惧し、その保護になみなみならぬ努力を傾けている。

六月の伊島を飾るのがイシマササユリである。本州などの山地に生えるササユリと同じもののようだ。岡本さんに用意して貰った写真を見る限り、差はない。ただ群生がすばらしいのである。強風が吹きつける島でよくぞ育つものだ、と自然の仕組みのすばらしさに頭がさがるのである。ササユリの茎はつやがあり、葉は互生で、名の通りササの葉に似る。六枚の花びらがそり返って開く。芳香を放つ。花の香はなんとも床しい。一本の雌しべを、それよりやや短い雄しべ六本がとり囲んで束になって、少し花びらから外に出ている。

熊野灘の山野にもかつては自生し、花の咲く季節になると、野辺のゆききに刈り採って、抱きかかえるようにして持ち帰ったものだ。それがいつからか、すでに二〇年も三〇年も前からであろうが、絶滅に近いありさまである。水田近くのものは、鱗茎《りんけい》、つまりゆり根が大きくなるまでに、ほかの雑草といっしょに草刈機で刈ってしまう。そのほか、イノシシの被害が大きい。ゆり根を食い荒らすのだ。

これらの人災、獣害から免れているのが、伊島のササユリといえる。本土から遠く離れた島だから、固有種として存在してきたのであろう。イシマと上に付くのが納得できる。

ゆり根の鱗片をほぐして、それを細胞培養などの方法で芽を出させて、苗を育てる。いわゆるバイオテクノロジーによる育成がある。岡本さんたちは、高等学校と連携して、これに取り組んでいる。このことも特筆すべきだ。

アワビの稚貝を万単位で放流

「このたびはご無理をお願いしましたのに、快く聞き入れていただいて、感謝しています。お疲れですのに申し訳ないことです」

「きょうも漁へ行きましたけど、ひと休みしたで大丈夫。組合の二階を借りましょう」

こんな初対面の挨拶のあと、すぐ私たちは歩き出す。海も空も青い。伊島には、フノリが干されていた。島は鉤《かぎ》の手にがっちりとした堤防が築かれ、それが荒波から集落を守っている。見あげるような高さだ。堤防の外側に、網小屋が一列に建つ。ワカメを干す人がいた。これも島の暮らしの一齣《こま》なのである。

「去年の表彰式には東京まで行かれたんですか」

「行って来ました。交通費、宿泊費全部自弁でしたが、こんなことは一生に一度ですからな。申し訳ないけど旅費は出ません、と言われた。でも自弁だ何だということではないんでね。喜んで上京しましたよ。

私は伊島に生まれて、島から一歩も出ずに、ここで漁師一筋です。ほかの漁師のように海士《あま》漁をやらんだけです。伊島の男は、私以外はすべて海士といえる。現在、海士は四〇人ぐらいおるかな。いちばん年上が七五歳です。伊島の海士は冬は潜りませんから、以前は瀬戸内海へ仕事に行った。私は釣り専門、夏はイサギ、グレなんかが主体でね、ハモはとれんのです。餌《えさ》がとれんのでね。この先の北の椿泊《つばきどまり》の漁師はとっています。ハモ漁はこれからがシーズンやね。

伊島は離島にしては若い人が多いんです。都会の生活より、島での暮らしの良さがわかってきたのか、だいぶん戻って来ました。今、一四、五人いますよ。二〇歳代が増えました。やっぱり島はいいな、というて、戻って来ました。おかげでいったん消えた青年団がもう一度結成されてね。結婚しとる団員もいるけど、大半が独身です。そんなことで、こんな不便な島も活気が出てきてね。日本の離島も捨てたもんやない、と思いますよ。

自慢できることがいっぱいある。伊島はぐるりがいい漁場やで何でもとれる島といえます。アワビ、サザエの水揚げが多いし、イセエビの宝庫です。魚も多種多様、漁師がとったその日の獲

伊島の集落全景。右上が小・中学校　伊島中学校提供

物は、運搬船で和歌山港まで運びます。漁師各人が自分で橘まで持って行くということもできんからね。伊島で船を借りあげていて、土曜日と祝日の前日以外、水揚げが纏《まと》まれば運びますよ。まず和歌山港まで航海して、そこで、大阪・神戸方面へ出荷配送やね。京都へも行く。イセエビはもっぱら三重県です。あなたの所の三重県へ出荷します。値段が安定していて、しっかりした金額で買い取ってくれるようですわ。イセエビの刺網漁は全戸約八〇戸かな。漁期は九月二〇日過ぎから、五月一五日まで。これが徳島県の決まり。

海藻も多いしね。ヒジキ、フノリ、テングサ、これらが今採集されとる。港のコンクリートの干場にひろげていますよ。以前はイワノリもようとれたんですが、海の水が冬でも下がらんのでね。少のうなりました。岩に生えているのを、アワビ貝で掻《か》き取ったですよ。最近は時計のゼンマイのはがねを、U字型に曲げて木の柄にとりつけたので、掻き取るようです。フノリは干してキロ当たり二〇〇〇円。有り難いもんですよ。

アワビの海士漁については、昔は椿泊と入会《いりあい》でやっていたんです。向こうからも島の磯へやってきて潜った。どうしても小さい規格外のものまでとってしまう、ということで、お互い、磯の境界を決め、今はそれぞれの漁場でやっています。申し合わせというのかな。地図を見ればわかりますが、西の方へ点々と小島があります。一ッ目という岩場あたりで境界線をきめて、椿泊と漁場を分けています。椿泊と漁場を分けてから、伊島は一か月遅れて解禁、三月一日が口開けで、九月末までです。昔に比べたら減っています。クロガイが殻長九センチ、メガイが一〇センチ、それ以上がとってよい寸法です。今でも上手な海士は一日、二〇キロ、三〇キロととりますからね。島はありがたい。宝の海を抱えているわけでね。以前は、四〇キロ、五〇キロととる猛者《もさ》も何人かいた。でも、運搬船の経費ほか、天引きされる歩金もほかよりは多いから、手取りはその分減りますよ。これが伊島の宿命といえる。

資源保護にアワビの稚貝を放流していますが、これがちょっと杜撰《ずさん》でね。『もっと丁寧にやれ』と言っても、漁師は『めんどうや、もうええわ、抛《ほう》り込め』とやってしまう。高い金かかっとるんやで潜って行って置いて来い、と言うんですがね。まだとれるという豊かさのおかげで、危機感がわかんのかな。毎年、かなりの数、万単位の稚貝を放流していますよ。アワビの種苗生産は、私が青年団員のころにやったんです。二〇代のときやったで、昭和四〇年ごろですわ。隣の阿部より伊島の方が早かった。徳島県の水産試験場はそのあとからですわ。

その阿部には今も何人かの海女がおるけど、この伊島は昔から、海女はおらん所です。今はタチウオ漁でね。ゆうべも行って、朝帰ったところ。延縄漁です。曳き釣りでとる漁師もいるけど、ほとんどが延縄でやります。サンマを切って餌《えさ》にします。三〇〇〇メートルぐらいの縄に、五〇〇本ぐらいの針つけて、それを海底に沈めておく。漁のある日は一五〇キロ、少ないときは三〇キロと、漁獲高はまちまちやけどね。

最近は、この季節になると、どういうわけか、海が汚れてね。ゴミがどこからか寄って来る。一日一日はさほど変わらんようでも、三年、四年という長い期間でふり返ってみると、漁場は変化しとるんです。環境の変化というのか。漁師もそんな見方をせんといかん」

人の縁の不思議に海のつながりを実感

伊島には今も小、中学校がある。小学校児童一三名、中学校は五名の生徒がいる。今年度から中学校は三学年揃ったので、先生の方も二名増員になったらしい。岡本さんの時代には一学年二〇名から、多い年で三〇名、大体、小学校で一二〇人ぐらいいた、と言う。

「私の同級生が中学校卒業のとき一九名、うち、女子が六人でした。不思議に女子が少なかったんです。島の者同士が結婚するのには女が少ない、嫁不足や、男全部に当たらんというわけでね。冬、出稼ぎに行って、瀬戸内あたりで探して、嫁さん連れて来た者も大勢いますよ。私は幸い、島の者同士、それも、すぐ一軒向こうの隣です。飲み水は島で自給自足。二つダムというか、貯水池を作って給水していますが、もっと質のいい水がほしいという島民の要望で、中学校の横の土地でボーリングをして水を汲みあげ、それを山の中腹のタンクまでポンプアップして、その水圧によって給水します。以前は中学校あたりの土地は水田やったです。水田といえば、島の北部に広い耕地があるんですが、ここも水田でした。今でこそ荒地やけど、れっきとした耕地としての区割りがあり、地番のある所ですよ」

出されたコーヒーを啜《すす》った。一口呑《の》んでカップを皿に置いたとき、予期しない話題が岡本さんの口から出た。

「あなたから手紙を貰って、住所を見て、家内と二人で驚いたんです。実は家内のいとこが、あなたの町にいるんです。先生の所の五ヶ所浦の近くやないやろか、というたんです」

岸壁に干されるワカメ。磯の香が旅情をかきたてる

午後３時、アワビとりの漁船が一斉に帰港する。
船上の漁師は若い男のようだ

その人の名を聞いて、知ってますよ、と私もこの偶然に驚きを隠さず、岡本さんの顔を見つめた。その人は確かに町にいる。しかし、この三年ほど会っていない。そのことを私は告げた。職業が潜水夫で、日本中あちこちの現場へ働きに行っているらしいから、と岡本さんは言う。潜水夫であることも私は知っていた。

人の縁ほど不思議なものはない。きのう、出羽島で会った古老が、三重引本のマグロ船で船頭をしていた、という話。きょうのこの潜水夫が、私の町の住民であるということ。まさに海はひと続き、この思いがしきりであった。

帰りの最終便の船は、四時に伊島港を離れる。それまでの時間、港の近くを案内していただいた。ヒジキを煮る釜があった。湯気が出ている。刈ってきたヒジキを薪《まき》で煮ているのである。ある程度煮て、そのあとは火を止めて余熱で柔らかくする。似たかまどを、以前、大分県の地無垢島《じむくしま》で見た。前島と対峙《たいじ》した。イシマササユリが咲く島である。強風のためか、樹木は少ないようだ。ちょうどそのとき、海から大小の船が、思い思いに帰って来た。潜りを終えての帰港である。今の船の男は、去年島に帰って、アワビとりを始めた若い漁師だ、と岡本さんは、下を行く船を指して話してくれた。

傾きかけた晩春の陽が海に当たって、きらりと光った。岸辺にはワカメが揺れる。春風にたゆたいながら、緑の帯は、ひとしきり磯の香を放っていた。

（二〇一四・七・一〇、九・三〇『季刊しま』No.238、239 日本離島センター）

参考資料
・『牟岐町史』（一九七六年、牟岐町）
・『定本 野口雨情』第五巻（一九八六年、未来社）
・二万五〇〇〇分の一地形図「牟岐」「橘」「阿部」（国土地理院）
・『日本の島全図 シマーズ』（二〇一二年、日本離島センター）

尾鷲、三木浦逍遥

西行の歌碑の前に立つ

尾鷲市制四〇周年を記念して出版された『尾鷲市史年表』の冒頭あたり（九頁）に、一一八〇（治承四）年の項があり、そこには、「西行の『山家集《さんかしゅう》』に〝新宮より伊勢の方へ罷りけるに、みき島に舟の沙汰しける浦人の〟とあり」という記述を読むことができる。ここにいう「みき島」は三木浦のことである。西行はその頃、高野にいた。しかし、天下の風雲を予知し、治承四年春ごろに伊勢に移る。三木浦に船を止めるのは、その途中のことであったろう。

西行は、一一一八（元永元）年に生まれた平安時代から鎌倉時代にかけての著名な歌人である。『山家集』を残したほか、『新古今和歌集』には九四首が採られ、集中第一の歌人であった。奇しくも、一世の風雲児平清盛とは同い年である。

春闌けた四月なかば、三木浦を訪ねた。新緑の中に山桜が映えた。九鬼の深い入江を左下に見て、三木浦をめざす。東紀州の道はどこまでも岨道であった。道は林の中を縫うように走り、集落の近くで左へ急旋回して、三木浦の港へと下りていく。碑が建つ小公園があった。西行の歌が彫られている。歌碑は桜の木の下にある。

年経たる浦の海女人言問はん
波をかづきて幾世過ぎにし
黒髪は過ぐると見えし白波を
かつき果てたる身には知れ海女

二首を読むことができた。碑のそばには、若木の八重桜が散るのを惜しむかのように、薄くれないの花房を垂らしている。「ねがはくは花の下にて春死なん　そのきさらぎのもち月の頃」の歌の通り、桜を好んだ西行にふさわしい雰囲気であった。

大門定則さんを訪う

三木浦魚市場のそばに建つ漁民センターを訪ね、大門定則《おおかどさだのり》さんに会った。三木浦区長の上村紀《うえむらき》美男《みお》さんのご厚意による。大門さんは、一九二八（昭和三）年生まれときいた。背筋がぴんと張り、まさに矍鑠《かくしゃく》とした老人、三木浦のことを知る生き字引として、自他共に許す人だ。俳句をたしなむ人でもある。我流さ、と言いつつ、一句披露してくれた。

南風《かぜ》に乗せ語り継がれよ西行碑

漁船がもやう三木浦の港風景　中村元美さん提供

「三木浦はカツオ一本釣り漁のさかんな所で、大正一二年ごろから昭和の初めにかけては、大盛丸、久恵丸というのがあった。鰹船《かつおせん》です。そのあと、七、八年ごろから、長久丸、続いて、共和丸、慶福丸などが活躍した。今、長久丸が専門船を七はい（七隻のこと）ぐらい持っとる。マグロを専門にとる船やな。慶福丸が四隻かな。長久丸は鰹船が一隻や。

三木浦で大正八年ごろに御木本幸吉さんが真珠養殖をやった。この湾の奥の方ですわ。養殖場を拓いてね。太平洋に面しとるから、昭和三年ごろには、林兼、のちの大洋漁業ですわ。そこがクジラを引っぱってきて、解体したこともあったしね。

魚の養殖は、昭和三二年からまずハマチをやる。それが下火になって、次はマダイやな。三鬼力蔵という人が、高知まで養殖技術を習いに行って、始めたんやね。伊勢湾台風でかなり被害を受けたけど、海でしか生きられん所やでね。上の学校へは行かんと、ほとんどみんなが鰹船に乗った。おかげで一七や八でも人並みに稼ぎがあったでね。そやで、ここは他の地区より、ええ家を建てとる。これみんな海で稼げたおかげですわ。昭和五〇年ごろまでは、養殖もよかったし、鰹船も全盛やったからね。マダイは一九〇万尾おったやろ。

昭和二二年にゴンドウクジラが入ってきてな、当時の金で七〇万円ぐらいになった。クジラ一頭で七浦うるおすと言うからね。あのころ、中学校を建てる場所でもめてね。最初は三木浦と三木里の中間に建てようや、ということやった。それがもめてね。ゴンドウクジラの金もあった。そやで三木浦は賀田《かた》といっしょになった。体育館建てるのに、ポンと浦で金を出した。村の人は進取の精神があるし、出すものは気前よう出すという気風が、ここの人にはあるんやね」

この大門さんの話に続けて、その時同席していた上村区長が次のように語る。

「こんど、五月二八日が長久丸の新造船の船祝いですわ。マグロ船です。五〇〇トンぐらいありますやろ。その船を二七日にこちらへ回航してきて、二八日に餅撒きや。子どもら全部乗せて、船をゆする。これが今までのやり方やけど、船が大型になったで、それやったところで揺れんやろけど、久しぶりに賑わいますな」

「いい漁場がすぐ目の前にある。マダイの値は昭和五〇年ごろがいちばん良かったやろ。そのあと六〇年代になると、スーパーへ並ぶようになって、大衆化した。つまり、薄利多売になっていったんさ。当時はキロ当たり、二八〇〇円でしたね。今、八〇〇円と低迷しとる。養殖物も餌の改良も進み、味は遜色がない。誰でも口にできる魚になった。これは養殖業者の努力の賜さ。そやけど、頭のええのは上の学校へ行って、それ以外が村に残って漁師やったんさ」

この大門さんの言葉に、

「いいえ、段取りが悪けりゃ、漁師はできんですよ。そのことからいえば、漁師はおしなべて頭がいいんです。師と書くのは、医師に教師、それに漁師、これらはその道の先生ですわ。同じ先生でも代議士なんていうのは、喧嘩ばかりしとる士《さむらい》、師ではないんです」

少々お世辞めいた言い方で、私は応じた。

入り組んだ狭い道が続く三木浦の集落
中村元美さん提供

大門さんの道案内で町中の細い道を歩いた。ここが昔の本通りさ、と立ち止まって指をさす。急な石段の道があった。ふり返れば、商店とわかるのぼりがはためく路地である。その道から海側はすべて、山を崩して海を埋めた所だといわれる。電柱が立っている。眼の高さよりうんと上の方に、太い黄色の横線がペンキで書かれている。一九四四（昭和一九）年一二月七日に来襲した東南海地震のときの津波の高さを示すものである。

細い道は右に左にと折れ、迷路のようだ。「地元の者でもうっかりしとると迷うぐらいやでのう」と大門さんは呟くように言いながら前を行く。二人横に並んでは歩けない。そんな狭い路地である。敷地いっぱいに家が続く。庭はないが立派な建物が競うように建っている。

港へ出た。魚市場には、ヨコワを採捕するのには届出が必要、という張り紙が出されている。ヨコワはクロマグロの稚魚である。そこから一直線に、漁師の作業小屋が建ち並ぶ。二〇あまりあろうか。イセエビ刺網《さしあみ》漁の網捌《あみさば》き場である。網を干し、破れを直す人もいる。夫婦で仕事をしている屋根の下で、声を掛けた。

「エビ網（イセエビ刺網漁のこと）は四月いっぱい。あともうちょっとできるけど、値が安いでな。それでも、今日は一〇キロぐらいあった。サザエも安いし売り物にならん」

イセエビの刺し網を繕う漁家の夫婦――三木浦漁港岸壁で
中村元美さん提供

主《あるじ》の話である。網は夕方、海中に仕掛け、翌朝早く揚げる。サザエも網に引っ掛かっているのだが、安いと嘆く。横で奥さんが手際よく、網針《あばり》を動かして、網の破れを繕っていた。イセエビをとる漁家は三三軒あるらしい。

網を捌く小屋の人に声を掛けながら、海岸を歩く。網の色は漁家によって、赤やら茶色やらと、色とりどりである。正午を知らせる音楽が流れる。軽音楽である。曲はもちろんご当地の民謡「尾鷲節」。ヤサホラエー、ヤサホラエーのひとふしが、対岸にまで谺《こだま》した。

鯛はめでたい

午後、三和水産を訪ねた。経営者の小川康成さんから、三木浦のタイを使った製品のいろいろを聞いた。

「この家は奥地《おくじ》といいましてね。私は奥地の娘と結婚して、あとを継いだんです。雲出川《くもずがわ》のほとり、嬉野の生まれですよ」

横に座る奥地加奈さんは、娘が連れてきてくれたんですわ、と言う。

小川さんは三木浦で育ったマダイを焼いている。「めでたい焼」という。義父の奥地栄一さんが考案したのを、小川さんがあれこれ工夫して今の焼鯛にした。水揚げしてすぐに三枚におろして、生を出荷するという一次加工もあるが、小川さんは調理することで、マダイに付加価値を付けた。味の良さが評判を呼ぶ。三木浦の漁業文化を守り育てたいと、加工一筋に頑張っている町起こしの一人である。

「三木浦は天然のすばらしい漁場に恵まれています。そこで育ったマダイのおいしさを、丸ごと味わって貰《もら》いたい、と考えて製品にしたのが、焼鯛なんです。ここまで仕上げるのに、一〇〇〇匹のマダイで試作しました。

大体六〇〇グラムから、大きくて八〇〇グラムぐらいのマダイを焼きます。新鮮なうちに、エラと内臓を取り除いて、塩をします。塩は一匹ずつ、むらのないように丁寧にこすりつけ、一晩置きます。それに腹の中へ三陸のワカメを詰め、ウロコのついたまま、低い温度で三〇分間、じっくりと焼き上げるんです。マダイのうま味をとじ込めながら焼きあげます。皮はつるりと剝けますし、冷めてもふっくらと柔らかな味が味わえます」

「ウロコも油であげれば、食べられるといいますしね」

「それはまだ食べたことはないけど、皮はサラダ油でさっといためるとおいしいです。腹に詰めたワカメもマダイの味がしみ込んでうまいですしね」

私たちは、ひととき食談義に時を忘れた。

鯛みそシリーズというのがある。「真鯛みそ」から始まって、今では、ピリ辛、ラー油入り、にんにく山椒味など。五番目はないのか、と尋ねたら、今、考案中でして、と小川さんは笑った。味のヒントはもっぱら奥さんの栄美さん。それに母親の加奈さんが、味噌についての適切な意見を出す。親子三人のトリオで、絶妙な味が生み出される。

「文殊の知恵ともいいますでな」

このように言って、私は調理場を覗かせてもらった。仕事場の隅に材料を上げおろしする長方形の鉄製のリフトがあった。小川さんが作業ボタンを押すと、リフトはゴトンと音がして軽く揺れた。


（二〇一二・六『おくまの』第三号　東紀州観光まちづくり公社）

タカノハダイ

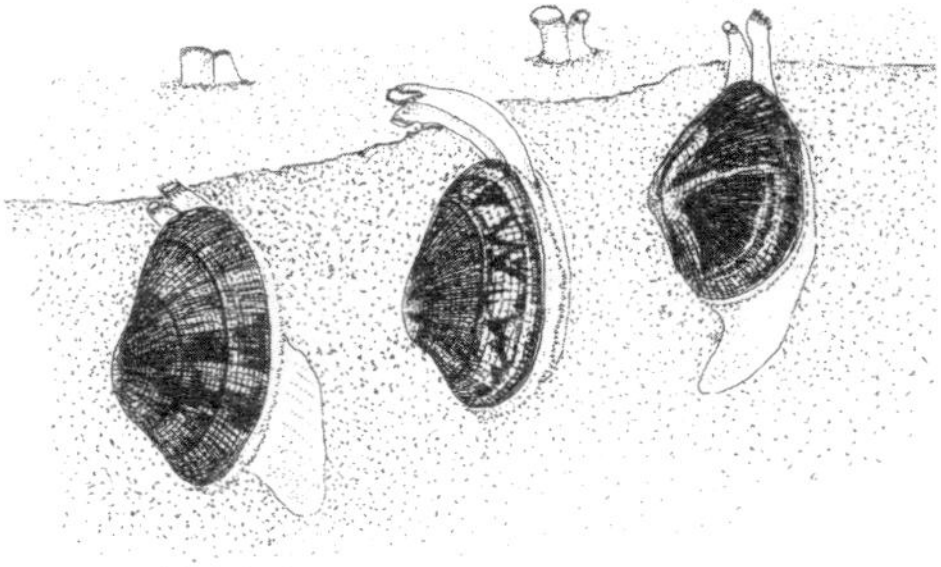

アサリ

あとがきに代えて

八〇歳を過ぎて、死に急ぐわけではないが、身辺整理をしなければという気持ちになった。今回のエッセイ集は、そんなことから編んだもの。今まであちこちに書いた小文の中で、これだけは残しておきたいと思うものを選んで一冊とした。それに、今年、四国阿波路で聞き書きしたものなどを加えた。いわば老い支度というより、死に支度第一号ということになろうか。題して『明平さんの首——出会いの風景』とする。

「明平さんの首」というのは、親しくおつきあい戴いた作家杉浦明平さんのブロンズ像のことである。杉浦さんの訳された大著『ミケランジェロの手紙』が岩波書店から出版された（一九九五年五月発行）。それに先立つこと一年、このブロンズ像が彫刻家岩田実さんの手によって完成された。見事な出来のブロンズ像は制作者から杉浦さんへ贈られた。大著の出版とブロンズ像の披露の祝いを兼ねての集まりが、杉浦さんがお住いの近くの、渥美半島福江の旅館であった。

そのときの歓談のひと齣をまとめ、岩波書店の『図書』編集室へ送ったところ、幸運にも掲載された。一九九五年九月号であった。その一文を中心に据え、古くはちょうど二〇年前に朝日新聞の求めに応じて書いた小文から、つい最近出た『南伊勢文芸』第八集（二〇一四年一〇月刊）のものまで、種々雑多を一冊としたものである。

全国各地の漁村を訪ね歩いて、そこに住む人たちから、暮らしや漁業の昨今のありようを聞き記録するという仕事を始めて二六年、つまり平成の年号と共に、私の聞き書きの旅はあったわけで、四半世紀を超えてふり返ると、やっとここまで辿《たど》り着いた、という思いがしきりである。話し手の心にどこまで寄り添うことができたか、と反省しきりで力不足は否めないが、それでも二六年があっという間に過ぎたと感じ、反面、長い道のりであったとも思う。

私は当初から、行かば我れ筆の花散る処まで、と吟じて、報道記者として中国大陸へ渡った明治二八年の正岡子規の気概を真似て、聞き書きの仕事を続けてきたが、老いは如何ともし難い。それにもう一つ、個人情報保護という大きな壁が立ち塞がって、このような個人の暮らしを聞くという仕事を、ひとりでやって行くことが、年を追うごとに難しくなってきた。

たしかに、個人の情報を保護するということは、現代のような情報をやりとりする機能が著しく発達し、それを入り乱れて使う毎日であれば、極めて大切なことであるのは言を俟《ま》たない。さりとて、話し手をひとり求めるとなると、知人を伝手《つて》にそれからそれへと探さねばならないのである。始めたころは、行政機関や漁協、放送局などに頼めば、割合にたやすく相手を探すことができた。四半世紀を経た今、この手段は格段に厳しくなっている。いや不可能なのである。時世時節、その時々のまわりあわせと思わなければならないのだろう。

全国津々浦々、訪ねた漁村は今までに約四〇〇か所、出会って話を聞いた人たちは、のべ七〇〇〇人に余る。どの人もみなすばらしい人たちであった。その人にしかない貴重な人生の一つひとつを聞くことができた。いい人に巡りあった幸せは、何にもまして代え難い。人だけではない。それは風景もまたしかり。息を呑《の》むような絶景から、助けあって生きる人びとの暮らしなど、すべてが忘れ難く、私にとっては貴重な財産となった。小著の副題を「出会いの風景」としたのは、これらのことによる。

漁村の聞き書きの仕事のきっかけになったのは、千葉県外房の丸山隆一郎さん、正二郎さんご兄弟とのめぐりあいである。合成洗剤を漁村からなくそうと運動を始めて、しばらくたったとき出会ったのが丸山兄弟であった。お二人との邂逅がなければ、漁村で聞き書きをすることを、自分の人生の後半の仕事としたかどうか。考えてみれば、不思議な出会いであった。兄弟は鴨川浜荻で家業の魚の干物加工を営む。仕事のかたわら、沿岸漁業の環境保全にもなみなみならぬ活動を続けている、いわば自然派の漁村の人たちであるといえる。二人は絵をよくし、特に魚や貝のイラストの隠れた名手で、地元では作品の愛好者も多い。今回、本書のために彩管を揮ってすばらしい作品を届けてくれた。挿絵にと提供して下さったのである。

このことから、私は小著をお二人に捧げたいと思う。

二〇年も前に書いた内容が、現在でも通用する。そのことは、漁村も漁場も良くなっていない、ということであろう。漁村の変化は激しく、疲弊は目を覆うばかり。暮らしにも好転の兆しはない。そのような二六年間であった。歴史に学ぶことを忘れた社会は恐ろしい。われわれが暮らすこの社会を見ればわかる。環境にやさしくは掛け声ばかりで、自分にやさしい行動の人の何と多いことか。小文の幾つかを読み返して、つくづくこのことを思う。世の中、良くなるどころか、悪いことばかりの昨今ではないか。

今回は上梓までの内容の精査や編集については、米田順さんのお手を煩わせた。また、ドメス出版の佐久間俊一さんからは、出版にかかわる細ごまとした事柄についてのご指導を得た。装幀については、竹内春惠さんの斬新なセンスで小著に花を添えて戴くことができた。

カバーの写真は、ブロンズ像の制作者である、鎌倉市にお住まいの岩田実さんが快諾して下さり、今回、使わせて戴くことができた。ここに厚くお礼を申し上げる。また、それぞれの名をここには記さないが、写真をご提供戴いた方がたのご厚意にも感謝する。

しかし何はともあれ、二五年に余る道のりを振り返るとき、私のつたない仕事を、長年の間ご支援して下さった数えきれない読者各位に、「おかげさまで」と、深い感謝の気持ちを表わさねばならない。それとともに手元不如意の中で、いつも応援してくれた家族にも、「ありがとう」、と申し添える。

二〇一四・一二・一

川口祐二

なお小著の中で、すでに発表されたものに一部加筆訂正したものがあるが、それらはごく小範囲にとどめ、大幅な書き直しはしなかった。また、書中の職名や肩書などは、お会いしたときのままであることを、お断りしておく。

川口 祐二 かわぐち ゆうじ
1932年、三重県に生まれる。70年代初め、いち早く、漁村から合成洗剤をなくすことを提唱。そのさきがけとなって実践運動を展開。88年11月、岩波新書別冊『私の昭和史』に採られた「渚の五十五年」が反響を呼ぶ。日本の漁村を歩き、特に女性の戦前、戦中の暮らしを記録する仕事を続けている。同時に沿岸漁場の環境問題を中心に数多くのルポやエッセイを執筆。現在、三重大学客員教授。
近著に、『海女、このすばらしき人たち』(北斗書房)『漁村異聞』『島をたずねて三〇〇〇里』『島へ、岸辺へ』『新・伊勢志摩春秋』(ドメス出版) などがある。
1983年度三重県文化奨励賞（文学部門）受賞
1994年度「三重県の漁業地域における合成洗剤対策について」により三上賞受賞
2001年７月、㈶田尻宗昭記念基金より第10回田尻賞を受賞
2002年２月、㈶三銀ふるさと文化財団より「三銀ふるさと三重文化賞」を人文部門で受賞
2008年度「みどりの日」自然環境功労者環境大臣表彰（保全活動部門）受賞
現住所：三重県度会郡南伊勢町五ヶ所浦919　〒516-0101
TEL & FAX　0599-66-0909

明平《みんぺい》さんの首《くび》——出会《であ》いの風景《ふうけい》

2015年１月15日　第１刷発行
定　価：本体2000円＋税
著　者　川口　祐二
発行者　佐久間光恵
発行所　株式会社 ドメス出版
東京都文京区白山 3-2-4　〒112-0001
電 話　03-3811-5615
FAX　03-3811-5635
印刷・製本　株式会社 太平印刷社

ISBN 978-4-8107-0815-8

川口祐二　新・伊勢志摩春秋　ふるさと再発見　二八〇〇円

川口祐二　島へ、岸辺へ　漁村異聞その3　二三〇〇円

川口祐二　島をたずねて三〇〇〇里　漁村異聞その2　二〇〇〇円

川口祐二　漁村異聞　海辺で暮らす人びとの話　二〇〇〇円

川口祐二　伊勢志摩春秋　ふるさと再発見　一八〇〇円

川口祐二　甦れ、いのちの海　漁村の暮らし、いま・むかし　二三〇〇円

川口祐二　石を拭く日々　渚よ叫べ　二〇〇〇円

川口祐二　光る海、渚の暮らし　二〇〇〇円

川口祐二　渚ばんざい　漁村に暮らして　二〇〇〇円